박병일의 중고차
잘 사서, 잘 타다가, 잘 파는 법

★ 대한민국 자동차 명장 ★

박병일의
중고차

잘 사서, 잘 타다가, 잘 파는 법

박병일 박대세 지음

라의눈

중고차의 인기만큼
소비자의 안목도 높아져야 한다

이 책을 쓴 이유는 두 가지로 요약된다. 하나는, 중고품의 가치가 재평가되어 신품 시장을 잠식할 정도로 활황을 보이고 있기 때문이다. 또하나는 중고차에 대한 인기에 비해 구매자의 정보와 안목이 거기에 미치지 못하기 때문이다. 필자는 중고차 소비자들이 업자에게 속임을 당하지 않을 정도의 판단력을 갖추길 바란다. 여기서 더 나아가 자동차에 대한 기초 지식을 알려주겠다는 생각도 한몫했다.

예전에는 '중고품'을 좋지 않은 시선으로 봤다. '중고'라는 말 자체가부정적 뉘앙스를 내포하고 있다. 중고 의류를 '헌 옷', 중고 책을 '헌책'이라 부르는 것만 봐도 알 수 있다. 주인이 한 번 바뀌었다는 이유로 한 번도 입지 않은 옷, 한 번도 보지 않은 책에도 '헌'이라는 수식어가 붙는 것이다.

물론 중고가 아무리 발버둥 치고 물구나무를 서도 신품을 당해낼 수는 없다. 대부분은 최신 제품의 성능이 좋고 누군가 사용하던 물건의 품질과 성능을 믿을 수 없기 때문이다. 하지만 시대가 바뀌고 사람들의 생각이 바뀌었다. 중고를 사든 신품을 사든 자유이지만, 중고라고 해서 무조건 거부하는 것은 시대의 조류와 어긋난 셈이다.

요즘 소비자들은 이전 주인이 쓰던 물건의 매력을 찾아내고 그것이 자신의 코드와 맞으면 아무 거부감 없이 받아들인다. 특히 젊은 층에서 그렇다. 폭넓은 분야에서 중고품의 대두가 눈에 띈다. 압구정동에 중고 가방 전문점이 문을 열었는데 진귀한 물건을 찾으려는 사람들로 붐빈다고 한다. 중고 만화책, 중고 게임 소프트웨어, 중고 가구 등이 유통시장의 중요한 축이 되고 있다.

중고 시장의 대표 격은 역시 자동차다. 우선 다른 물건과 시장 규모부터 다르고 시장의 성숙도가 압도적이다. 중고차 매매 시장의 역사는 40년이 채 안 되는데, 최근 10년 사이에 시장은 급속도로 성장했다. 무엇보다 중고차 매물 자체가 풍부하게 유통되고 있다. 아마도 중고차 경매시장이 활발히 운영되는 덕분일 테다.

현재 중고차 시장은 성숙 단계로 볼 수 있다. 적어도 시장의 규모 면에서 중고차는 그 자체로 거대한 유통산업이다. 그러나 진정한 의미에서 성숙 시장이라고 하기 위해서는 매매가 성립되기까지의 질서, 규칙, 투명성, 공정성이 담보되어야 한다. 또한 구매 이후, 보증의 룰도 필요하다.

중고차 시장의 모든 사업자가 공정하고 올바른 거래를 하고 있다고 단언하기 어렵다. 허위 매물, 미끼 매물을 올려서 소비자를 유혹하거나 악의를 가지고 소비자를 속이며 시장의 질서를 흐리는 업자들도 분명히 존재한다.

자동차라는 물건은 고도의 기술을 하나의 틀에 집약시킨 기계다. 더군다나 중고차는 다른 중고 물품과는 달리 한눈에 알아보는 것이 불가능하다. 내가 모르는 사람이 어떻게 사용했는지 알 수 없다. 외관상으로는 반짝반짝 윤이 나는데 심장 부분이 나쁠 수도 있다. 특히나 세세한 부분의 금속 마모나 침수의 흔적 등은 더더욱 발견하기 어렵다.

따라서 중고차 소비자 스스로 권리를 지킬 방법을 강구해야 한다. 전문가의 능력과 관점까지는 아니더라도, 중고차에 관한 최소한의 지식과 구매 기술을 알고 있어야 한다. 그 어떤 중고차도 신차만큼 기능할 수 없다고 했다. 내가 사려는 중고차의 어떤 부분이 신차 대비 어느 정도 부족한지 알고 그것이 내가 감내할 수준 안에 있다고 판단한다면, 가장 완벽한 중고차 구매 방법일 것이다.

중고차 소비자의 불평, 불만이 높아진다면 장기적으로 업계 자체의 발전에도 도움이 되지 않는다. 공정성과 합리성이 결여된 시장, 불신과 술수가 난무하는 업계는 지속 가능하지 않기 때문이다.

이 책은 이러한 문제의식에서 출발했다. 시장의 규모 면에서 신차를 뛰어넘고 있는 중고차 구매자들에게 이 책이 작으나마 도움이 된다면 기대 이상의 기쁨이 될 것이다. 독자들이 책장을 넘길 때마다 '아하' 하며 무릎을 치고, '중고차에 눈이 트였다'라고 할 만한 이야기들을 지금부터 풀어놓으려고 한다.

2024년 10월
대한민국 자동차 명장 박병일

차 례

Chapter 03 중고차 외관 확인부터 시승 요령까지

Chapter 06 중고차 매매에서 흔히 만나는 함정

CHAPTER 01

신차와 중고차, 나에겐 어느 쪽이 이득일까?

중고차가
대세다

국토부 자료에 따르면, 2020년부터 중고차 거래 건수는 연간 380만 대 수준을 유지하고 있다. 그런데 이 수치를 액면 그대로 받아들이기는 어렵다. 이 중에서 형식적 거래 대수(매매상사의 매입 이전과 상사 간 이전 물량)를 제외한 실거래 대수는 240만 대 정도 될 것으로 본다.

2023년 신차 판매량은 약 176만 대이므로 신차보다 훨씬 많은 양의 중고차가 거래되고 있는 셈이다. 2023년 반도체 수급난이 풀림으로써 신차 판매량이 반짝 늘어난 것을 감안하면, 중고차 거래량이 신차 판매량의 2배가 되는 것도 먼일이 아니라고 본다. 이렇게 중고차가 대세가 된 것은 소비자의 가치판단 기준이 변했기 때문이다.

중고차 인기의 이유는 복합적이다. 길어지는 불황과 고물가 상황에서 소비자들이 실속과 가성비를 따지게 되었고, 경제 호황기에 마구 사들인 신차들이 지금 시장에 중고차로 한 번에 밀려 들어오기 때문이다. 중고차 물건이 풍부하다는 것은 여러모로 소비자에게 좋은 환경이 되었다는 뜻이다. 중고차 구매자가 다양한 요구에 맞는 물건을 살 수 있는 절호의 기회가 온 것이다.

또 하나 놓쳐서는 안 되는 상황 변화는 중고차 거래 전문업자가 우후죽순으로 등장한 것이다. 게다가 메이커(제조사) 계열 대리점들이 부진한 신차 판매 상황을 타개하기 위해 중고차 부문에 힘을 기울이기 시작했다. 생각한 것만큼 신차가 팔리지 않고, 팔려도 좀처럼 수익이 생기지 않기 때문이다. 그들은 신차 판매와 아울러 중고차 부문을 새로운

중고차 매매단지, 대전 오토월드

기아 인증 중고차

수익원으로 키우려고 적극적으로 나서고 있다.

2023년 10월에 현대차가, 연이어 11월에 기아차가 공식적으로 중고차 소매업에 진출했다. 2024년 5월에는 KG모빌리티(구 쌍용자동차)가 인증 중고차 사업을 시작했다. 상생 협약에 따라 당분간은 시장점유율의 제한을 받지만, 향후 본격 경쟁 체제에 들어가면 춘추전국 시대가 펼쳐질 전망이다. 대형 제조사와 렌터카 업체들도 속속 시장 참여를 준비하고 있어, 향후 중고차 시장 질서가 재편될 것으로 보인다.

신차 or 중고차가 아니라
차종부터 선택하라

신차와 중고차 중 어느 쪽이 이득일까? 필자가 귀에 못이 박히도록 받는 질문이다. 솔직히 말해서 답하기 곤란하다. 무엇을 기준으로 이득과 손해를 판단한다는 말인가? 자동차 관련 프로그램에서 이 문제로 토론을 하게 되면 날이 새도록 해도 결론이 나지 않는다. 결국 이 문제는 '나에게 딱 맞는 자동차'를 '얼마나 수완 좋게 사느냐'로 집약된다.

그렇다면 '나에게 맞는 자동차'란 무엇일까? 나의 경제력일까? 나의 나이일까? 나의 가족구성일까? 나의 라이프스타일일까? 그도 저도 아니면 나의 취향일까? 여기에 승차감, 거주성, 안전성, 주차 공간 등 생각해보면 끝이 없을 정도로 조건과 항목이 많아진다. 하나에서 열까지 모두를 만족시켜주는 자동차는 있을 수 없다.

적당한 선에서 타협해야 되지만, 그중에서 절대 포기할 수 없는 필수 조건이 있다. 예를 들어 5인 가족인데 4인승을 사면 곤란할 것이고, 차고에 머리조차 들어가지 못할 정도로 큰 차를 사도 안 될 것이다.

이러한 필수조건 외에 추가할 조건들을 우선순위에 따라 정리해 체크리스트를 만드는 것이 시작이다. 이제 이 조건들을 꼼꼼히 비교하면서 차의 크기나 차종을 좁혀나가면 된다. 절대로 처음부터 '이거야!'라고 단정하지 말길 바란다. 차종이 거의 정해졌다면, 이제 자신의 예산 범위 안에서 신차와 중고차의 가격 차이를 따져보자.

일단 중고차는 5년 이상 탈 생각으로 구입해야 한다. 자동차는 소유하는 순간부터 돈이 들어가는 물건이다. 그것도 장난 아니게 많이 들어간다. 초기 비용이 싸다고 너무 낡은 차를 산다면 수리 비용이 계속 들어가서 배보다 배꼽이 커질 수도 있다.

신차나 중고차나
가격 하락 폭은 똑같다

필자에게 '신차 살까, 중고차 살까?'라고 집요하게 묻는 지인이 있었다. 필자는 그에게 '몇 년 탈 생각이냐?'라고 거꾸로 질문을 했다. 차를 사서 7~8년 이상 탈 생각이면 신차를 선택하라고 할 참이었다.

자동차도 기계이기 때문에 신차에도 약간의 '뽑기 실패'가 존재한다. 그러나 중고차의 '뽑기 실패'와 비교하면 무시해도 좋을 만한 수준이다. 중고차엔 어떤 리스크가 숨겨져 있을지 짐작하기 어렵다. 눈에 보이지 않는 부분이 마모되었거나 부품 일부에 금속 피로가 있을지도 모른다. 그것들이 원인이 되어 느슨함이나 풀림이 발생하고 그 결과 1년 내내 트러블이 발생한다면 당해낼 재간이 없다.

게다가 신차의 좋은 점이라면 이전 차에는 없던 새로운 기술이 서너

가지 도입되어 있을 것이고, 무엇보다 3년이란 보증기간이 있다. 중고차에도 보증제도가 있지만 신차에는 한참 못 미치는 것이 사실이다.

그런데 지인은 무엇을 단단히 오해한 모양이다. 신차는 구입 후 1~2년 사이에 가격하락 폭이 가파르고, 중고차는 감가상각률이 완만하다는 주장을 펼쳤다. 이런 오해를 하는 사람들이 의외로 많다. 원래 신차든 중고차든 구매할 때의 가격이 같다면 가격하락 폭도 비슷하다. 이것을 납득시키는 데 상당한 노력을 들여야 했다.

신차를 사서 2년 동안 5,000km밖에 주행하지 않았다는 지인도 있었다. 바꿔 말하면 차고 안에 장식해 뒀다는 얘기다. 그러다가 새로 나온 모델에 푹 빠져서 2년 탄 자신의 차를 얼마나 받을 수 있는지 중고차 매입가를 알아봤다고 한다. 아무리 생각 없는 사람이라도 이 정도 되면 깜짝 놀라기 마련이다. 매입가가 본인의 예상치를 한참 밑돌기 때문이다.

'신차나 다름없는데 왜?'라고 억울해해도 소용이 없다. 거기에 어떤 계략이 존재하는 것이 아니라, 자동차 유통시장이 원래 그렇기 때문이다.

주인이 바뀌면
취득세가 확 낮아진다

자동차의 취득세(등록세 포함) 세율은 신차든 중고차든 똑같이 7%(경차
는 4%)다. 신차의 경우 대리점 공표가격에서 부가가치세 10%를 뺀 금액,
다시 말해 공표가격의 90%가 과세표준이므로, 이 금액의 7%(경차는 4%)
를 세금으로 내는 것이다.

1,000만 원짜리 신차를 샀을 때, 실제로 지불한 금액이 880만 원이든
950만 원이든, 1,000만 원에서 10%를 뺀 900만 원이 과세표준이라는
말이다. 즉 900만 원의 7%인 63만 원을 세금으로 내야 한다.

그렇다면 중고차는 어떨까? 실제 계약서에 적힌 거래금액의 7%를 내
면 되겠지만, 여기에 문제가 하나 있다. 세금을 적게 내려고 거래금액을
허위로 기록하는 경우 말이다. 그래서 중고차의 경우에는 과세표준을

따로 책정한다. 실제 거래금액이 과세표준보다 높으면 거래금액의 7%를 내고, 거래금액이 과세표준보다 낮으면 과세표준의 7%를 내게 된다.

중고차의 과세표준을 산출하는 일은 간단치 않지만, 요즘은 다양한 사이트에서 '중고차 취득세 계산기'라는 프로그램을 운영하고 있어 일반인도 쉽게 계산할 수 있다. 사실 모든 세금은 상품 가치에 대해 책정된다. 따라서 중고차 취득세도 '감가상각율'과 밀접한 관계에 있다. 이해하기 쉽도록 예를 들어보겠다.

2024년에 출고된 1,000만 원짜리 신차를 한 달만 타고 중고차로 내놓았다. 누군가 이 중고차를 2024년에 산다면 취득세는 신차와 똑같이 63만 원일까? 그렇지 않다. 일단 등록해서 번호판이 붙게 되면 중고차가 되고, 거기에 따라 감가상각이 되기 때문이다. 번호판을 붙이는 순간 법적으로는 중고차다.

번호판을 붙이고 100미터를 주행했든 며칠 만에 팔든 신차에 비해 자동차의 가치가 떨어진다는 의미다. 이를 '잔가율'이라고 한다. 국산 승용차의 잔가율은 당해년도가 0.739, 그 다음해라면 0.681이다. 즉 주인이 한 번 바뀌면 하루가 지나도 취득세는 1에서 0.739로 떨어지고, 해가 바뀌면 다시 0.681로 떨어진다.

2024년 기준 중고차 연수별 잔가율(신차를 1로 했을 때)

	2024년	2023년	2022년	2021년	2020년	2019년
국산 승용차	0.739	0.681	0.577	0.489	0.414	0.351
수입 승용차	0.753	0.685	0.569	0.472	0.391	0.324

신차의 과세표준이 900만 원인 자동차를 그해에 중고차로 구입했다면 취득세는 46.6만 원으로 떨어지고, 해가 바뀌면 42.9만 원이 된다. 따라서 중고차 취득세를 아끼려면 해가 바뀌고 연초에 사는 게 좋다는 결론이 나온다. 자동차 잔가율은 매년 고시된다는 사실도 알아두자.

신차로 할까, 중고차로 할까 고민이 될 때는 이 잔가율을 참고하길 바란다. 각종 세금 문제뿐 아니라, 연한에 따라 자동차의 가치가 어떻게 변하는지 짐작할 수 있기 때문이다.

신차만 타더라도
중고차를 알아야 하는 이유

신형 자동차가 출시되고 인기 폭발이라고 하면, 곧바로 마음이 움직여 자동차를 교체하는 사람들이 있다. 필자 주변에도 그런 사람들이 몇몇 있다. 옆에서 뭐라고 하든 귀에 들어오지 않는다. 그런 사람들은 신모델 차를 타는 것이야말로 삶의 기쁨이라고 한다. 마음에 드는 신차를 타면 매일 아침 활력이 솟아난다고 하니 가족들도 포기할 수밖에 없다.

이렇게 신차에 목숨 거는 사람들을 제외하더라도, 여러 가지 이유로 중고차보다 신차를 선호하는 사람들이 있다. 신차를 사서 적당한 기간 타고 다음 차도 신차를 사는 것은 선택의 영역이므로 뭐라고 할 수 없다. 그런데 현명한 소비자일수록 나중에 중고로 내놓았을 때 높은 가격을 받을 수 있는 자동차를 선택한다. 신차를 구입할 때에 중고차로 팔 때를 생각하는 것이다.

그렇다면 중고차 시장이 어떻게 흘러가는지 알아둘 필요가 있다. 매매업체 몇 군데를 돌아보거나 중고차 전문지를 대충 훑어보는 것만으로도 감이 잡힌다. 어떤 중고차가 높게 평가받는지에 대해서도 알아야 한다. 여기서 가장 중요한 것은 가급적 인기 차종을 선택해야 한다는 것이다. 인기 차종이면 만사 OK일까? 동일 차종 안에서도 인기 사양과 비인기 사양이 천양지차이기 때문이다. 4도어인가 2도어인가, GT Grand Touring인가 GTS Grand Touring Sports인가에 따라서도 가치가 달라진다.

자동차의 바디 컬러가 결정적인 요소가 되는 경우도 있다. 패션과 비슷하게 자동차 컬러에도 유행이 있다. 한때 투톤 컬러가 유행한 적이 있

....

벤츠 투톤 칼라 모델. 잔존가치를 생각하면 가급적 무난한 컬러가 좋다.

25

있는데, 유행이 지나면 제값 받기 어렵다. 한창 유행할 때는 멋있어 보였던 통바지나 쫄바지가 유행이 지나면 촌스러워 보이는 현상과 유사하다. 결론적으로 자동차의 바디 컬러는 가급적 무난한 것을 선택하는 것이 좋다. 무난한 컬러란 도로에서 가장 눈에 많이 띄는 색상을 말한다.

초보 운전자를 위한
중고차 선택 기준

　골프 칠 때, 티 그라운드 목전에 연못이 있거나 깊은 벙커가 있으면 초심자는 몸이 움츠러든다. 한 개에 8,000원이나 하는 새 골프공을 연못이나 벙커에 빠뜨릴까 봐 걱정이 되어서다. 한 개 1,000원 하는 중고 골프공으로 치면 아무래도 마음이 편할 것이다.

　똑같은 원리로, 초심자일 때는 중고차를 타고 운전 실력이 나아진 다음에 신차를 사라는 조언이 정석처럼 여겨진다. 면허를 막 딴 사람이라면 아무래도 크고 작은 사고를 낼 테니까 중고차를 사서 마음 편히 운전하라는 얘기다. 틀린 말은 아니지만 맞는 말도 아니다. 골프공과 자동차는 다르기 때문이다. 중고차도 흠집이 나면 수리가 필요하고, 편하게 운전한다고 계속 사고를 내면 들어가는 돈은 상상 이상이다. 신차를 사서 오히려 조심조심 운전하는 게 나을지도 모른다. 결국 자신의 성향과 상황에 맞춰 신차와 중고차 중에 선택해야 한다.

지금부터 초심자가 염두에 두어야 할 중고차 선택 기준 3가지를 알려주겠다.

자신의 조건과 상황에 맞춰라

차를 살 때는 어떤 용도로 쓸 것이며 예상 사용 기간은 얼마인지 먼저 생각해야 한다. 중고차를 사서 2~3년 타다가 바꿀 계획이라면 다시 팔 때를 생각해 비교적 연식이 짧은 인기 차가 좋다. 오래 탈 생각이라면 내구성이 좋고 상대적으로 가격이 싼 차를 선택하자. 운전이 매우 미숙하다면 연식이 좀 있는 소형차, 하루 평균 주행거리가 길다면 디젤이나 LPG 차가 유리하다.

다만, 운전이 익숙해지면 차를 바꾸겠다는 계획을 갖고 있더라도, 너무 오래된 연식의 차는 사지 않는 편이 좋다. 여기저기 덜거덕거려서 초심자에게 불안감을 준다. 5~6년 이내의 차를 선택하면 신차 못지않게 상태도 좋고 잘 달려준다.

무사고 차만 고집하지 말라

상당수 중고차 소비자들이 사고 유무에 지나치게 집착한 나머지, 마음에 드는 차를 발견했더라도 사고가 났다는 소리를 들으면 구입을 포기한다. 하지만 중고차는 사고 유무보다 사고의 정도와 크기가 훨씬 중요하다. 사실 완전한 무사고 차란 존재하기 어렵다. 사고 부위가 범퍼, 펜더, 도어, 트렁크 정도라면 차를 운행하는 데 아무 문제가 없다. 이러한 차는 완전한 무사고 차보다 가격이 저렴하므로 소비자 입장에서 부담이 줄어드는 효과가 있다.

흰색 차, 소형차, 자동변속기 차량을 선택하라

초보 운전자는 악천후나 야간의 주행에 서툴 수밖에 없다. 그냥 달리기도 겁나는데 방어운전을 할 여력이 없다. 이런 조건에서는 운전을 피하는 게 상책이지만 꼭 운전을 해야 할 일이 생긴다. 흰색이나 은색처럼 밝은 컬러의 차를 선택하면 날이 어두워도 차체가 상대 운전자의 눈에 잘 띄어 사고 위험이 감소한다.

또한 초심자는 좁은 공간에 주차할 때 어려움을 호소한다. 주차난이 심각한 골목길에 주차해야 할 상황이면 문제는 더 심각하다. 이를 해결하는 방법으로 소형차나 경차를 구입하는 것을 꺼리지 말아야 한다.

초심자가 절대 사지 말아야 할 중고차도 존재한다. 우선 사자처럼 힘이 센 차를 피하자. 초심자가 제대로 다루지 못할 고성능 차는 안 된다는 뜻이다. 그리고 스피드광이 탔을 듯한 외제 차도 쳐다보지 말길 바란다. 하물며 수동변속기 차, 우핸들 차 같은 건 당치도 않다.

신차 할인과 중고차 가격의
상관관계

중고차 매매업체에서 '1,000만 원'이라고 표시된 중고차를 열심히 깎아서 '900만 원'에 샀다고 기뻐하는 사람들이 있다. 분명 100만 원 이득을 본 것은 맞는데, 그것이 정말로 이득을 본 거래였는지는 자신이 소유해서 타보기 전에는 알 수가 없다.

사실 필자는 우리나라 중고차 가격이 전체적으로 높다고 생각하는 사람 중 하나다. 물론 이득 보는 물건도 있지만 대체로 비싸다. 그리고 그 원인 중 하나가 중고차 업계의 '대차貸借'라고 생각한다. 중고차 업계에서 말하는 '대차'란 내가 타던 차를 파는 동시에 새로운 차를 구입하는 것을 말하는데, 왜 대차라고 하는지는 명확하지 않다. 차와 차를 맞바꾼다는 의미라 추정할 뿐이다. 원래는 내 차를 팔고 다른 중고차를 사는 것을 말하지만, 요즘은 내 차를 팔고 신차를 살 때도 대차라고 한다.

중고차 업체마다 걸린 '대차 거래 가능'이라는 문구는 업자 입장에서 '팔고 사고'를 동시에 처리할 수 있다는 말이다. 그렇다면 대차가 어떻게 중고차 가격 상승으로 이어지는지 알아보자.

대리점은 신차를 한 대라도 더 팔기 위해, 고객이 타던 중고차를 실제 값어치보다 비싼 가격에 매입하는 경향이 있다. 한편 지속적 불경기로 신차를 사는 사람이 줄어들자 신차 할인액은 경쟁적으로 증가한다. 전문 잡지에는 각 제조사별, 차종별 할인액이 기사로 실려 있다. 200~300만 원은 기본이고 500만 원, 1,000만 원도 화끈하게 깎아준다. 내가 타던 차는 비싸게 팔고 신차는 싸게 살 수 있다니, 무조건 신차를 사는 게 이득 아닌가?

그런데 신차를 선택한 쪽이 이득을 본 만큼 누군가는 손해를 보는 것이 세상의 이치다. 손해 보는 쪽이 바로 중고차 구매자일 것이다. 최근 중고차를 산 친구에게 이 얘기를 해주었더니 버럭 화를 내었다. 하지만 소용이 없다. 공정 질서나 영업 윤리를 들먹여본들 시장의 흐름을 거스를 수 없다.

다만, 친구에게 신차를 500만 원, 1,000만 원 깎아주었다면 처음부터 인기 없는 자동차라는 증거라고 위로를 건넸다. 위로차 한 말은 맞지만 절대 입에 발린 소리가 아니다. 인기가 높아서 잘 팔리는 신차의 할인 폭은 낮지만, 나중에 중고차로 팔 때 플러스 알파를 기약할 수 있다.

중고차 선택 시
가장 중요한 5가지

신차든 중고차든, 비싸게 샀든 싸게 샀든, 나한테 안 맞으면 말짱 도루묵이다. 일단 샀다면 그냥 탈 수밖에 없다. 필자는 자동차와 좋은 관계를 만드는 것이 가장 중요하다고 표현한다. 선택한 쪽인 자신이 모든 책임을 져야 한다. 선택된 자동차가 나에게 맞춰줄 리는 없기 때문이다. 그러기 위해서는 '어떤 회사의 어떤 차종을 선택할까'보다 '어떤 자동차가 나에게 맞을까'라는 문제를 먼저 생각해야 한다.

중고차 선택 시 우선 고려해야 할 요소는 ① 연식, ② 등급, ③ 변속기, ④ 옵션이다. 하나 더 보태자면 ⑤ 바디 컬러다.

변속기는 스포츠 타입이라면 MT, 세단이라면 AT가 당연하다. 옵션에 있어서는 가죽 시트 같은 것보다 내비게이션, 후방카메라, 열선시트,

스마트키 등의 편의장치를 우선 고려하는 것이 좋다. 앞에서도 설명했지만 바디 컬러는 가급적 무난한 것이 좋다.

이런 요소들을 결정할 때는 자신의 연령, 직업, 취미, 주행 습관 등을 생각하자. 드라이브를 좋아하는 청년과 두 명의 자녀를 가진 주부는 용도와 라이프스타일이 전혀 다르므로 자동차 타입도 달라지는 것이 당연하다.

대기업에서 정년을 앞둔 지인이 벤츠 200 시리즈를 샀다. 주변에서는 왜 은퇴를 앞두고 외제차를 사냐고 했지만, 그는 '평생 탄 국산차가 싫증나서'라고 말하며 자신의 판단대로 했다. 필자는 그의 선택에 응원

박병일 명장의 중고차 알짜 정보

수동변속기 차를 사면 1석 3조

중고차는 같은 돈으로 소형차, 중형차, 대형차까지 살 수 있을 정도로 선택의 폭이 넓다. 자신의 라이프스타일과 운전 경험에 맞기만 하면 수동변속기 차량이 좋은 선택지가 될 수 있다. 최근 자동변속기 차량에 대한 쏠림 현상이 심해져서, 수동변속기 차량의 가격이 많이 떨어졌다. 중고차 시장에서 거의 애물단지 취급을 받고 있는 형편이다. 역설적으로 수동변속기 차를 저렴하게 살 수 있는 기회가 온 것이다. 일반적으로 수동변속기 차량은 동급 대비 200만 원 이상 저렴한 데다 유류비 부담이 적고 고장 가능성도 적어 1석 3조의 기쁨을 누릴 수 있다.

을 보냈다. 그에겐 은퇴 이후의 인생 2막이 기다리고 있기 때문이다. 벤츠를 타고 아내와 느긋하게 여가를 즐긴다고 해서 절대 비난받을 일이 아니다. 자신과 궁합이 잘 맞고 소중히 다룬다면, 아마도 '고령 운전자 표시'를 부착할 때까지 탈 수 있을 것이다.

신차든 중고차든 '자동차와의 좋은 관계를 바라보며 선택하라'라는 필자의 신념과 벤츠 200 시리즈를 인생 최고의 사치라고 말한 지인의 선택이 나의 머릿속에서 겹쳐졌다. 인생은 경제성만으로는 따질 수 없는 문제다. 안전하고 재미있고 행복한 삶의 동반자가 되어주는 자동차라면 그 어떤 가치에도 우선한다고 생각한다.

CHAPTER 02

중고차
어디서 어떻게
살 것인가?

중고차 온라인 플랫폼 이용법

최근 거래 편의성을 앞세운 중고차 온라인 거래가 활발하다. 2019년 중고차 거래에서 온라인이 차지하는 비중이 0.9%라는 통계를 보면, 코로나 팬데믹을 거치면서 비대면 소통 수단들이 얼마나 일상화되었는지가 실감된다.

중고차를 온라인으로 사고파는 이유는 무엇보다 편리하기 때문이다. 집이나 사무실에 앉아서 자신이 원하는 차종, 연식, 상태의 물건을 수백 대 검색할 수 있다. 온라인 쇼핑몰이 진단과 보증을 해주고, 원한다면 집까지 배달해준다. 일단 타보고 마음에 들지 않거나 하자가 있으면 무료로 환불도 해준다고 한다. 이렇게 편리할 수가 없다.

그러나 이런 장점들을 거꾸로 뒤집으면 단점이 된다. 당연히 가격이 올라가고 각종 수수료가 발생한다. 실물을 볼 수 없으므로 허위 매물, 미끼 매물을 올려놓더라도 확인하기 어렵다. 무료 환불 규정이 있는데 뭐가 걱정이냐고 생각하진 말길 바란다. 무료라고 해도 보험 해지 수수료, 탁송료, 재판매 가공비 등의 비용이 들어갈 뿐만 아니라 그 차를 선택하기까지 들어간 시간과 노력, 환불 절차에 따른 스트레스 비용도 결코 무시할 수 없다.

필자는 온라인으로 차를 사더라도 최종 단계에서는 반드시 실물을 확인하고 시승까지 해본 다음에 구입하라고 조언하고 싶다. 성능기록부와 보험 이력을 꼼꼼하게 체크하는 것은 기본이다. 그러면 지금부터 가장 많이 이용되는 중고차 온라인 플랫폼 3가지에 대해 꼭 알아야 할 것들을 중심으로 설명해보겠다.

압도적 물량, SK 엔카

중고차 온라인 거래의 대명사는 SK 엔카다. 엔카의 장점은 물량이 아주아주 많다는 것이다. 나머지 플랫폼들과는 비교 불가다. 엔카는 오픈마켓 형태로 운영되기 때문에 간단한 등록 절차만 거치면 누구든 물건을 올릴 수 있다. 즉 법인이든 개인 딜러든, 그냥 자신이 타던 차를 팔려는 개인이든 상관이 없다. 엔카는 시장을 열어놓았을 뿐, 그 안에서 딜러와 개인들의 자유 거래가 일어난다고 보면 된다.

물론 그 시장을 유지하기 위한 최소한의 규제는 있다. 엔카 보증, 엔

압도적 물량이 특징인 SK 엔카 홈페이지

카 진단 등의 서비스를 통해 엔카가 일정 부분 보증을 해주지만, 거래 자체는 해당 차량의 소유권을 가진 딜러와 개인 간에 이루어진다고 봐야 한다.

검색을 통해 마음에 드는 차를 발견했다면 차주인 딜러(소속과 전화번호가 나와 있다)와 직접 연락해 그다음 절차를 진행해야 한다. 아무리 시장이 투명해졌다 해도 어떤 딜러의 어떤 물건을 만날지 불안할 수 있다.

이런 문제점을 인식했는지, 아니면 직거래 플랫폼인 K카를 의식했는지 최근 엔카는 직거래 서비스인 믿고(Meet-Go)를 런칭했다. 엔카 믿고 서비스 차량의 경우, 그동안 딜러-고객 사이에 이루어지던 거래가 아니라 엔카가 전적으로 주도하는 형태로 이루어진다.

❶ 엔카 진단

개인, 매매상사(딜러) 모두 이용 가능한 보증 서비스. 엔카 직영 성능점검장에서 69개 항목을 직접 확인해 문제가 없으면 '엔카 진단'이라는 빨간 마크를 붙일 수 있다. 단, 이 서비스는 프레임 사고가 나지 않은 '무사고 차량'에만 해당된다. 진단을 받기 위한 등록비는 현재 대당 121,000원(수입차는 242,000원)인데, 엔카 진단 차량이 되면 일반 매물보다 판매가 더 빨리 이루어진다고 한다.

❷ 엔카 보증

딜러나 보험사와 상관없이 엔카가 100% 책임지는 보증 수리 서비스다. 엔진, 변속기 등 주요 부품부터 내비게이션, 에어컨, 와이퍼 모터, 일반 부품을 6개월 또는 10,000km까지(먼저 도래하는 기준이 적용된다) 보상 한도 내에서 무제한 보증 수리를 해준다. 주행거리 150,000km 이내의 무사고 차량만 가능하고, 보증 가입비는 현재 399,000원이다.

❸ 엔카 홈서비스

엔카 홈서비스 대상 차량을 구입할 경우, 집까지 가져다주는 탁송 서비스. 신청 후 2일 이내 배송, 7일 이내 책임환불이 된다. 수령일 포함 3일까지만 환불 수수료가 없고, 4일 이후부터는 차량 이용료가 청구되니 주의하자(5천만 원 이상 차량은 2일차부터 수수료 발생). 환불 시 보험 해지 수수료, 탁송비는 구매자 부담이며, 단순변심 사유의 환불일 경우 재상품화 비용도 청구될 수 있다.

전국 직영 체제, K카

오픈마켓 형태인 엔카와는 기본 구조가 다른 플랫폼이 K카다. 직영 체제로 운영되므로 모든 물건을 직접 구매하고 직접 판매한다. 허위 매물이 존재할 수 없는 구조다. 2024년 기준 K카 직영점은 전국에 46개이고, 소속된 전문 차량평가사는 730여 명이다.

차량 매입, 진단, 관리, 판매의 전 과정이 직영으로 이루어지므로 '속지 않을까?' 하는 걱정을 상대적으로 덜 하게 된다. 차를 살 때 엔카에서는 능수능란한 '딜러'를 상대해야 하지만, K카에서는 판매에 목숨 걸지 않는 '직원'을 상대하면 된다.

K카의 장점은 안전하고 투명하며 업체가 무한 책임을 진다는 것이다. 전국 직영점에서 차의 실물을 직접 확인할 수 있고 타볼 수도 있다. 그런데 이런 엄청난 장점을 덮는 치명적 단점은 시세가 비싸다는 것이다. 가격 협상도 불가능하다. 게다가 엔카에 비해 물량도 매우 적다. 내가 원하는 중고차를 찾을 확률이 상대적으로 낮다는 의미다. 만약 조금 비싸게 사더라도 스트레스 없는 거래를 하고 싶다면 K카를 선택하면 된다.

이러한 K카의 장점은 내가 타던 차를 팔 때 극대화된다. 무료로 방문 견적을 받고 계약서를 작성하면 당일 입금이 완료된다. 흥정이 안 되니 흥정 스트레스가 없다. 경매나 개인 간 거래를 하면 더 비싸게 팔 수 있겠지만 당연히 시간과 노력이 필요하다.

하루 만에 집 앞 배송을 앞세운 K카 홈서비스

❶ K카 워런티(보증)

보증기간 또는 주행거리에 따라 보증 요금이 달라지는데, 최단 90일부터 최대 730일이 가능하다. 중형차의 경우 90일(또는 5,000㎞) 보증 요금이 265,000원, 730일(또는 40,000㎞) 보증 요금이 895,000원이므로 알아두자.

❷ K카 홈서비스

결제부터 배송까지 단 하루 만에 이루어진다는 것이 특징으로, 오전 11시 이전에 결제하면 당일 배송이 가능하다. 온라인 플랫폼 중 홈서비

43

스 이용 건수가 가장 많다.

❸ 3일 책임환불

환불기간 내에 환불을 신청하면, 배송비를 제외하고 전액 환불된다. 그야말로 묻거나 따지지 않는다. 환불 시에는 구입한 직영점이 아니라 가까운 직영점에 차량을 반납하면 되므로 이 또한 편리하다.

할부가 편리한 KB차차차

KB캐피탈이 만든 중고차 거래 플랫폼이므로 태생적으로 캐피탈 서비스에 집중되어 있다. 구입 화면에서 바로 할부금융까지 처리할 수 있어 할부를 원한다면 이보다 더 편리할 수 없다. K카보다는 매물이 많은 편이지만 KB가 인증한 매물은 적다. 이른바 'KB 진단 중고차'는 무사고 차량을 대상으로 82가지 세부검사와 진단을 실시한 물건으로, 구매 후에도 KB가 전적으로 책임 보증을 해준다. 희귀 차종을 저렴하게 구입하고자 하는 사람들에게 인기가 있다. 개인 간 직거래인 '직거래 차차차'와 KB가 인증하는 상사가 판매하는 프리미엄 중고차 'KB프렌즈 인증' 상품도 있다.

중고차 매매 방법
5가지

중고차 온라인 거래가 활성화되었다고는 하지만, 아직까지는 많은 비중이 오프라인으로 이루어지고 있다. 자동차가 고가 상품이기도 하지만 중고차는 세상에 그것 한 대밖에 없는 물건이기 때문이다. 단순히 차종, 연식, 옵션, 사고 유무만으로는 그 차의 상태를 판별하기 어렵다. 직접 보고 자신에게 맞는지 확인하는 절차가 필요하다. 또한 좋은 물건을 조금이라도 싸게 사고 싶다면 온라인보다 오프라인이 선택의 폭이 넓기 때문이기도 하다.

중고차 오프라인 매매 방법은 5가지 정도로 정리된다.

개인 간 직거래: 안전장치가 취약하다

예나 지금이나 중고차를 가장 싸게 사는 방법은 중고차 업체나 딜러 등의 중간 유통단계를 거치지 않고 파는 사람과 사는 사람이 직접 거래하는 것이다. 예전에는 지인을 통해서나 생활정보지를 이용하는 방법뿐이었으나 최근 온라인 거래 플랫폼들이 많이 생겨 직거래 기회가 늘어났다. 자동차 커뮤니티로 유명한 보배드림, 중고 거래 플랫폼의 대표격인 당근마켓, 네이버 카페 '띠띠빵빵'이 대표적이다. 그중 띠띠빵빵의 총 거래 건수가 70만 대를 넘어선다고 하니 무시할 수 없는 물량이다.

개인 간 거래의 단점은 업체를 통할 때와 달리 법적 보장을 받을 수 없다는 것이다. 즉 차의 성능 및 상태를 확인하고 1개월 또는 2,000킬로미터까지 품질을 보장받을 때 근거가 되는 '중고차 성능·상태 점검기록부'가 교부되지 않는다. 게다가 소비자가 눈으로 직접 중고차를 확인하기 전까지는 물건의 진위를 알 수 없다는 온라인 거래의 단점을 악용하는 사기꾼들도 있다.

매매상사: 손품, 발품 팔아야 싸게 산다

중고차를 가장 빠르고 편리하게 사는 방법은 매매상사 등의 전문업체를 거치는 것이다. 다만 중고차 가격은 연식, 성능, 컬러, 매장 임대료 등의 다양한 요소에 영향을 받으므로 같은 연식 같은 등급이라도 업체

매매상사와 중고차 딜러의 관계

중고차 딜러란 매매상사에 소속되어 중고차를 사고파는 일을 하는 사람으로 '중고차 매매종사원'이 정식 명칭이다. 이들은 매매상사 소속이긴 하지만 직원이라기보다는 프리랜서 영업직에 가깝다. 당연히 월급도 없다. 딜러들은 보통 자신의 자금으로 중고차를 매입하는데 매입한 중고차는 매매상사 명의로 귀속된다. 등록 명의상 차주와 실제 차주가 다른 것이다. 중고차가 판매되면 판매대금은 딜러가 받고, 상사에는 비용과 수수료를 납부하는 시스템이다.

별로 가격이 다를 수 있다.

따라서 매매상사에서 차를 사겠다고 마음먹었다면, 온라인 쇼핑몰 등에서 원하는 차종의 중고차 시세를 파악한 후 서너 개 업체에 전화해 가격을 비교해 보는 것이 좋다. 발품과 손품을 판 만큼 중고차를 싸게 살 수 있다.

또한 매매상사에서 마음에 드는 차를 발견했다면 그 차의 딜러와 직접 거래하는 것이 좋다. 실소유권을 갖고 있는 딜러와 거래하면 소개비를 아낄 수 있기 때문이다. 같은 매매상사에 소속된 딜러 간에도 소개비가 붙는 경우가 많다.

중고차 경매가 이루어지고 있는 현대글로비스 오토옥션 내부

중고차 경매: 저렴하지만 업체를 통해야 한다

중고차 경매의 장점은 뭐니 뭐니 해도 중고차를 비교적 저렴하게 구입할 수 있다는 것이다. 중고차 경매장이란 것이 매매업체가 소비자에게 팔 물건을 사러 오는 도매시장 개념이기 때문이다.

경매장은 회원(매매업체)에게만 응찰권을 주므로 일반 소비자는 경매에 참여해 중고차를 구입할 수 없다. 그러나 방법이 없는 것은 아니다. 회원 업체의 직원과 함께 경매장을 방문하거나 입찰을 의뢰하는 방법으로 중고차를 낙찰받을 수 있다. 경매장에 전화로 문의하면 회원 업체에 대해 알려줄 것이다. 자동차 경매로 중고차를 구입하면, 경매장에서 매매계약과 이전 절차를 모두 처리해주므로 편리하다.

우리나라 중고차 경매장으로는 롯데오토옥션, 현대글로비스 오토옥션, 오토허브옥션이 있다.

❶ 롯데오토옥션

KT렌탈오토옥션을 롯데그룹이 인수해서 롯데 오토옥션이 되었다. 롯데와 KT의 법인 차량과 롯데렌터카의 중고차 물량을 풍부하게 갖추고 있다. 렌터카 회사의 물량은 최신 연식인 경우가 많다.

❷ 현대글로비스 오토옥션

현대와 기아 그룹의 법인 차량 물량과 함께 대차매입한 중고차가 주를 이루어, 개인이 사용하던 물량이 풍부한 것이 특징이다. 해외 바이어들에게 인기 있는 경매장이다.

❸ 오토허브옥션(구 AJ 셀카옥션)

사람들에게 가장 널리 알려진 서울경매장을 AJ 셀카옥션이 인수합병했고, 그 후 오토허브를 보유한 신동해그룹으로 다시 넘어갔다. 2021년 AJ 셀카옥션에서 오토허브옥션으로 사명을 변경했다.

이 밖에도 SK엔카, 자마이카, GS카넷 등 중고차 쇼핑몰 업체들이 운영하는 인터넷 경매도 있는데, 오프라인 경매장과는 달리 일반 소비자도 직접 낙찰받을 수 있다. 단, 매물이 풍부하지 않아 선택의 폭이 좁다는 단점이 있다.

중고차 공매: 중고차를 가장 저렴하게 살 기회

중고차 거래의 틈새시장으로 중고차 공매가 있다. 지방자치단체, 공공기관, 금융기관 등에 지방세나 과태료가 장기 체납되어 압류된 차, 불법주차로 견인된 차 중 30일이 지나도 주인이 찾아가지 않은 장기 보관차, 무단 방치차 등을 공개 매각하는 것을 자동차 공매라고 한다.

공매의 장점은 중고차 시세의 70~80% 수준에서 입찰이 시작되어 저렴하게 구입할 수 있다는 것이다. 공매 자동차의 사진과 제원, 사고 유무, 주행거리 등에 대한 상세한 정보도 해당 업체의 웹사이트에서 확인할 수 있다.

원한다면 전국 공매 자동차 보관소에서 차를 직접 볼 수도 있고, 이전등록 업무 대행과 탁송 서비스도 제공받을 수 있다. 다만, 자동차 경매와 달리 매물이 적고 관리가 되지 않아 외관이 지저분할 수 있다.

중고차 전문점 vs. 메이커 계열 대리점

중고차 전문점과 메이커 대리점 중 어느 쪽이 유리하냐에 대해 말하기 전에, 최근 대형 메이커들이 중고차 부문을 강화하고 있는 이유에 대해 알아보자.

원래 신차 판매는 불경기의 파도를 정면으로 뒤집어쓰는 법이다. 격화된 경쟁 상황에서 일정한 판매 대수를 소화하기 위해서는 손해 보고 파는 경우까지 생긴다. 예전에는 메이커가 제공하는 인센티브로 이러한 부분을 메울 수 있었지만, 지금은 메이커 스스로도 경영 악화로 체질이 저하된 상황이라 여력이 없다.

그런데 메이커 대리점의 경우, 신차 판매로 이익을 전혀 내지 못하더라도 버틸 방법이 있다. 부품 · 정비 · 중고차라는 3종 무기가 있기 때문이다. 이 세 가지 무기로 고정비를 100% 커버하는 대리점들이 많지는 않아도 분명히 존재한다. 그러니 대기업들이 이런 블루오션을 그냥 놔둘 리가 없다. 대기업 제조사들이 최근 중고차 부문을 강화하고 전문적으로 중고차 매입을 하는 자회사를 만드는 배경이 바로 이것이다.

중고차 붐이 식지 않는 것은 연간 거래량 약 200만 대 중 많은 부분을 소화하는 전문업자들 덕분이다. 메이커 계열 대리점이 범접할 수 없는 수준이다. 앞으로는 특별한 콘셉트를 내세운 벤처기업들이 줄줄이 등장할 것으로 예상된다.

한편 중고차 붐에 편승해 수많은 업자가 난립하는 것도 사실이다. 도로변에 조립식 건물을 지어놓고 매물만 가져다 놓으면 영업이 가능하므로 너도나도 이 시장에 뛰어드는 것이다. 개점하고 몇 달 안 된 것 같은데 폐점하는 휴대폰 매장을 생각해보라. 중고차 업자들은 대부분 자금력이 충분치 않다 보니 작은 파도에도 견디질 못한다. 이런 곳에서 중고차를 살 경우 고장이 나거나 분쟁 발생 시 클레임을 걸 대상이 없다. 메이커 계열이라면 당연히 가격은 더 비싸겠지만 비교적 안전하다고 할 수 있다.

그렇다면 소비자는 어떤 쪽을 선택해야 할까? 가격이 더 중요한 사람이라면 중고차 전문점 중에서 장기간 영업을 하고 있고 지역사회에서 평판이 좋은 곳을 고르면 된다. 가격보다는 안전성이 중요하다면 당연히 메이커 계열의 대리점을 선택하면 된다.

신차 대리점에서
중고차를 사도 괜찮은 경우

메이커 대리점은 메이커가 정한 일정한 구역 내에서 신차 판매뿐 아니라 부품, 소모품, 액세서리 등을 취급한다. 수리와 정비도 하고 중고차도 거래한다. 그런데 앞에서도 말했듯이 메이커 대리점의 중고차가 비싼 것은 기본적으로 '대차'가 시행되고 있기 때문이다.

그렇다면 메이커 계열 대리점에서 중고차를 사면 무조건 손해일까? 그렇지는 않다. 신차 대리점은 무엇보다 신용을 중시하므로 신차 대리점에서 중고차를 산다면 확실히 쓸데없는 걱정을 하지 않아도 된다. 그 외에도 다음의 3가지 상황이라면 신차 대리점이 나쁘지 않은 선택이 될 수 있다.

차종을 확실히 선택한 경우

중고차 매장들을 둘러보는데 BMW 520밖에 눈길이 가지 않는다. 이런 경우라면 BMW 520 대리점에 가는 것이 옳다. 압도적으로 BMW 520의 재고가 많기 때문이다. BMW 520을 선호하는 사람들은 다음 차도 BMW 520을 사는 경향이 있다. 따라서 대차 매입된 구모델의 재고가 풍부하다. 일반 전문점은 도저히 따라갈 수 없다. 각 메이커 물건을 골고루 갖추고 있어야 영업이 가능하기 때문이다.

계열사 대리점에 가면 특정 차종이 풍부하게 있다는 것은 구매자에게 큰 장점이다. 중고차는 세상에 그것 단 한 대뿐이므로 정말로 마음에 드는 물건을 만나기 어렵다. 대개는 적당한 선에서 타협해야 한다.

대리점의 중고차 부문이라면 희망하는 선에 가까운 물건을 찾을 가능성이 크고, 만약 없더라도 나타나기를 기다리면 된다. 영업사원에게 부탁해 두면 열흘쯤 지나 연락이 올 것이다. 영업사원이 그 자동차에 대해 고도의 지식을 갖고 있다는 점도 이점이다. 자사의 간판 상품이므로 전문적인 설명을 들을 수 있다.

자동차 점검·정비가 필요한 경우

메이커 대리점에서 중고차를 확실하게 보증해주고 점검 · 정비도 가능하다는 것이 또 다른 이점이다. 중고차 구입 시 처음부터 확실하게 이

차종을 확실히 결정했다면 신차 대리점도 나쁘지 않은 선택지다.
사진은 BMW 강남 전시장

내용에 대해 서류로 약속을 받는 것이 좋다. 중고차에는 으레 트러블이 따라온다고 생각해야 한다. 특히 연식이 오래될수록 어딘가 상태가 좋지 않은 부분이 나오기 마련이다.

그렇다고 보증제도에 있어서 중고차 전문업체가 뒤떨어진다는 것은 아니다. 요즘 시대에는 전문업체도 확실히 보증제도를 운용하고 있지만, 그중에는 여러 이유로 폐점을 하거나 계약을 이행하지 않는 업자도 섞여 있기 때문이다.

최악의 물건을 피하고 싶은 경우

대리점에는 이른바 '극악의 매물'은 두지 않는다. 소비자 컴플레인이 발생하고 신용이 하락하는 것을 두려워하기 때문이다. 따라서 연식이 매우 오래된 차, 문제 발생의 소지가 있는 차는 대리점에서 판매하지 않고, 도매로 전문업자에게 넘긴다. 그렇다고 도매로 넘기는 물건이 모두 문제가 있다는 얘기는 아니다. 골치 아픈 일은 아예 만들지 않겠다는 경영 방침일 뿐이다.

전문업자는 이런 중고차들을 매입해 정성들여 정비해서 훌륭한 상품으로 되살리는 역할을 한다. 부담 없는 세컨드카를 원한다면 아주 저렴한 가격에 꽤 괜찮은 물건을 건질 수도 있다.

이런 모든 장점에 반해서 메이커 계열 대리점의 단점이라면 첫째도 가격, 둘째도 가격이다. 가격 경쟁력에 있어서는 전문업자들을 따라갈 수 없기 때문이다. 결론적으로 자동차 초심자나 지식이 부족하다면 메이커 계열 대리점을 선택하고, 중고차에 대한 안목이 있다면 전문업체가 유리하다. 가끔 회사 이름 앞에 유명 메이커 이름을 붙여서 대리점 행세를 하는 업체도 있으니, 이런 꼼수에 주의하자.

자동차보다 직원의
눈빛을 먼저 보라

필자가 매매업체 직원의 표정과 태도를 세심하게 관찰하라는 얘기를 하면 의아해하는 사람들이 많다. 하지만 이것은 업체의 우열을 가려내는 데 빠뜨릴 수 없는 주요 포인트다.

회사의 사정이 좋지 않거나 경영자가 직원을 함부로 대한다면, 그런 상황은 자연스럽게 직원의 말과 행동에서 드러난다. 아무리 열심히 해도 보상이 없고 미래가 암울하다면 손님 응대를 정성껏 하기가 어렵기 때문이다. 더군다나 그런 상태를 방임하고 있는 사장의 태도도 미루어 짐작할 수 있다.

필자는 물건을 사러 갈 때 반드시 직원의 눈빛을 본다. '눈은 입만큼 많은 말을 한다'라는 격언도 있지 않은가. 직원들이 모두 밝은 표정으로 응대하고 행동이 활기차고 눈빛에 성실함이 배어 있다면 베스트다. 다만, 접객 매너가 아무리 좋아도 입에서 나오는 말이 엉터리라든가 설명이나 대답을 할 때 이리저리 둘러대며 핵심을 피한다면 더 이상 그곳에 머물 이유가 없다.

프로 세일즈맨은 고객의 입장에서 상담에 응한다. 이해하기 쉽게 명쾌하게 설명할 뿐 아니라, 장점과 단점을 모두 얘기한다. 자신은 조언만 할 뿐 판단은 고객에게 맡기는 것이다. 전문 지식과 사명감을 가진 세일즈맨은 무리하게 밀어붙이지 않고 얼렁뚱땅 넘어가지도 않는다. 그래야 한 번 고객이 영원한 고객이 되기 때문이다.

요즘 어디를 가나 고객 만족(CS)을 내세운다. 그런데 사무실 벽에 CS 포스터를 덕지덕지 붙여 놓고도 하는 행동이나 태도는 전혀 그렇지 않은 곳이 있다. 포스터 붙일 시간에 매장 청소라도 한 번 더 하는 것이 좋을 것 같다.

개점 시간이 다 되어서야 직원이 헐레벌떡 뛰어서 출근하거나 제대로 청소가 되어 있지 않다면 일단 거르는 게 좋다. 또 직원이 세상 귀찮은 표정을 하고 있거나 무조건 팔고 보자는 식으로 나온다면 그곳에서 빨리 나올 것을 권한다.

'한국', '전국'이라는 이름에 현혹되지 말라

　공인된 단체나 협회에 가입되어 있다는 것이 결코 양심적이고 훌륭한 곳이라는 증표는 아니다. 그런 곳에 가맹하지 않은 아웃사이더 중에도 가맹회사 이상으로 양심적인 경영을 하는 곳이 많다. 다만 협회의 회원사라면 상식을 벗어난 심각한 잘못을 저지르지는 않을 것이다. 각각의 협회나 조합에는 규칙과 강령이 있기 때문이다.

　'자동차매매사업조합'이라는 것이 있다. 중고차 매매업에 종사하는 사람들이 거래 공정성과 투명성을 위해 설립한 단체인데 대부분 사단법인 형태로 운영되면서 국토부의 관리를 받고 있다.

　대표적 단체가 '한국자동차매매사업조합연합회KUCA'와 '전국자동차매매사업조합연합회KU'다. 둘 다 '한국'이나 '전국'과 같은 이름을 붙여

공신력과 대표성을 주장하지만 결코 정부 조직도 아니고 공공 단체도 아니다. 전국연합회는 1978년 설립되어 자동차매매협회, 중고차매매업 협회 등으로 이름을 바꿔서 운영되고 있는데, 서울오토갤러리 등을 회원사로 두고 있다. 한국연합회KUCA는 2006년 설립되어 19개 지역 조합을 거느리고 있으며 강서오토랜드, 강남자동차매매사업조합, 장안평중고차시장 등이 주요 회원사다.

매매업체 간판에 'ㅇㅇ매매사업조합연합회 회원'이라고 쓰여 있더라도 전적으로 신뢰하지는 말라는 말이다. 조합 나름의 규약이 있어서 최소한의 거래 질서를 담보하긴 하겠지만 어차피 자율 규약일 뿐이다. 구매자는 자신의 권리를 지키기 위해 최소한의 지식과 정보를 가지고 있어야 한다는 것엔 예외가 있을 수 없다.

일본의 경우에는 '중고차매매협회'가 존재하고 이 협회의 가맹점은 '공정경쟁규약'이라는 것을 필히 준수하게 되어 있다. 우리나라의 자율적 조합 형태보다 엄정하고 세부적인 규약을 운영하고 있다고 볼 수 있다. 공정경쟁규약 중 가장 중요한 것이 '판매자는 구매자에게 품질평가서를 제시해야 한다'라는 것이다. 품질평가서란 '차량상태설명서'와 '수리명세서'를 말한다. 전자는 판매점이 그 물건을 인수했을 당시의 상태를 기록한 것이고, 후자는 인수 후 정비한 기록이다. 즉, 해당 물건에 대한 검진표라 할 수 있다.

우리나라도 일본을 벤치마킹해서 전국적인 중고차매매협회를 설립하자는 주장에 힘이 실리고 있다.

피하는 것이
상책인 업체가 있다

중고차를 사는 사람들이 속지 않을까 경계하는 것 이상으로, 매매업체도 구매자를 두려워한다. 그만큼 세상이 바뀌었다. 중고차 업체는 구매자의 신뢰를 저버리면 심각한 상흔을 입는다. 떴다방처럼 짧게 장사하는 것이 아닌 이상, 지역사회의 평판을 무시할 수 없는 것이다. 게다가 SNS 시대라 안 좋은 소문은 하루아침에 널리 퍼진다.

'거기 절대 가지 마세요. 호구 됩니다!'와 같은 소문이 돌면 손님의 발길이 뚝 끊어진다. 나쁜 얘기는 좋은 얘기보다 더 빨리 알려지는 법이다. 그래서 파는 쪽도 고객으로부터 좋은 평가를 얻기 위해 필사적으로 노력한다. 그러나 어느 업계나 위험한 판매자는 있다. 결국 자정작용에 의해 퇴출되겠지만, 내가 그 희생양이 될 필요는 없지 않을까? 지금부터 가급적 피하는 것이 좋은 매매업체에 대해 알려주겠다.

무조건 한 놈만 팬다?

고객이 차종과 가격을 미리 결정했다고 해도 막상 매장에 가면 이것 저것 눈길이 가게 마련이다. 생각했던 차종이 아닌 차에 관심이 갈 수도 있다. 그런데 어떤 영업사원은 한 대만 콕 찍어 좋은 점을 늘어놓으면서 그것을 사도록 밀어붙인다. 고객이 다른 물건을 보려고 하면 '이게 훨씬 좋다'라고 말하는 식이다. 고객 입장에서는 매우 불쾌한 일이 아닐 수 없다.

이런 경우라면 그 차에 뭔가 복잡한 사정이 있거나 상당히 오랜 기간 재고로 남아 있었을 가능성이 크다. 그렇게 좋은 차라면 진즉에 팔리지 않았을까? 영업사원으로서는 하루라도 빨리 처분하고 싶은 물건일 것이다.

중고차 업계에서는 흔히 물건을 유동품流動品과 완동품緩動品으로 분류한다. 일본식 표현이긴 하지만, 한자만 봐도 전자는 유통이 손쉬운 물건이고 후자는 유통이 정체된 물건임을 알 수 있다. 유통이 정체되어 장기 재고가 되면 가격 하락은 물론 금리 압박까지 받게 된다. 강매를 해서라도 빨리 치워버리고 싶을 것이다. 그러나 고객의 사정은 뒷전으로 미루는 이러한 업체의 행태를 결코 양심적이라고 할 수 없다. 강매 조짐이 보인다 싶으면 바로 나오는 게 상책이다.

규모만 큰 업체보다는 솔직하게 응대해주는 업체가 좋다.
사진은 해외의 중고차 대형 돔 매장

요란한 차, 개조한 차를 내세운다

스포츠카, 스포티 카, 혹은 스페셜티 카 전문점도 아닌데, 요란한 차와 개조 차를 전면에 내세운다면 일단 경계해야 한다. 예를 들어 일반적인 세단인데 튀는 노란색이나 보라색으로 전체 도색한 물건들이 종종 보인다.

취향이 독특해서 재도장했을 수도 있지만, 어쩌면 흠집을 가리기 위한 방편일 수도 있다. 흠집 나기 전의 상태가 어땠는지 비전문가는 웬만해서는 알아차리기 어렵다. 상처투성이 차에 두껍게 화장을 했다고 생각하면 된다. 이런 요란한 물건들을 어수선하게 늘어놓은 매장이라면 그냥 지나치는 편이 나을지도 모른다.

유유상종이라고 무난하기보다는 튀는 물건에만 관심을 보이는 사람이 있으므로, 그런 물건들은 그들에게 맡겨 두자.

분위기가 어수선하고 직원이 단정하지 않다

매매업체에 들어갔는데 부품과 공구가 정리되어 있지 않고 바닥에 기름이 묻어 있고, 사무실 책상 위에 서류가 아무렇게나 쌓여 있다면 좋은 인상을 받을 수 없다. 게다가 직원의 복장이나 태도가 단정하지 않으면 더 이상 볼 것도 없다.

물건만 좋으면 그만이지 업체 환경까지 따지는 것은 너무 까탈스러운 것 아니냐고 할 수도 있다. 그런데 회사 환경이 그렇다면 상품 관리도 제대로 안 되어 있다고 보는 것이 합리적이다. 하나를 보면 열을 안다는 속담이 괜히 생긴 것이 아니다. 이 책을 읽는 독자들은 이 점을 특별히 마음에 새겼으면 좋겠다.

규모만 큰 매매업체, 질문하기 어려운 직원

'규모는 클수록 좋다'라는 원칙은 중고차 업체에 반드시 해당된다고 할 수 없다. 선택지가 너무 많아서 대상의 범위를 좁히기 힘들고 직원이 성심껏 응대하기도 어렵다. 규모가 큰 업체엔 모든 사람이 들어가 보므로 직원이 일일이 대응할 수 없고 세세한 부분까지 손길이 미치지 못한다. 고객이 오히려 직원 눈치를 보게 된다.

필자는 그렇게 규모가 큰 곳보다는 규모와 물량은 작더라도 최상의 물건들만 모아서 깔끔하게 진열해 놓은 업체를 선호한다. 그런 곳이라면 친절한 응대를 받을 수 있다.

구매자가 물건의 흠을 지적하거나 예리한 질문을 했을 때 직원이 인상을 쓰거나 정색을 한다면 두말할 것 없이 발길을 돌리자. 사실, 구매자는 타깃으로 정한 물건의 결점을 가지고 흥정을 하는 것이 정상이다. 그 결점 때문에 사지 않을 생각이라면 그런 말조차 하지 않고 나갔을 것이다.

거북한 질문에도 상냥하고 명쾌하게 응대해주는 업체가 최선이다. 신차만큼 흠이 없는 중고차는 존재하지 않는다. 무조건 숨길 생각을 하는 업체보다는 솔직하게 흠을 인정하고 그 밖의 좋은 점을 말해주는 곳이 좋다.

메이커 계열 대리점에서 할인 많이 받는 법

신차 대리점이 매입하는 자동차는 대부분 자사 상표다. 벤츠에서 벤츠로, BMW에서 BMW로 갈아타는 사람이 많기 때문이다. 그러니 대리점이 매입한 자동차에는 최소한의 애정이 담겨 있다. 상대적으로 아끼며 탔을 가능성이 높은 차들이다.

하지만 대리점이라고 해서 쓸만한 중고차만 있는 것은 아니다. 확률적으로 낮긴 하지만 주인이 험하게 다뤄서 사지 말아야 할 차들도 섞여 있다. 대리점이라고 무조건 믿고 시승도 하지 않은 채 구입한다면 나중에 고생할 각오를 해야 한다.

대리점에서 자사 자동차와 타사 자동차 중 '어느 쪽을 선택하는 게 유리할까?'라는 질문이 있다. 필자의 지인인 대리점 관계자는 이렇게 말한다. "망설이지 말고 우리 회사 자동차를 선택했으면 합니다. 타사 물건이라고 해서 의도적으로 부실하게 관리하는 것은 아니지만, 자사 자동차는 부품도 순정을 사용하고 정비도 열심히 합니다. 무엇보다 작업에 익숙합니다." 일면 수긍이 가는 논리다.

다만, 여기서 꼭 짚고 넘어가야 할 포인트가 있다. 대리점에서 자사 계열 차를 구입할 때, 인기 차종이라면 조금 비싼 정도는 이해할 수 있다. 그런데 비인기 차종인데도 가격이 높다면 다시 생각해봐야 한다. 비록 비인기 차종이라 할지라도 대리점은 자사 상품을 너무 저렴하게 파는 것을 꺼린다. 시장에서 가격이 붕괴되고 이미지 하락으로 이어질 것을 우려하기 때문이다.

결론적으로 어느 메이커의 물건이든, 비인기 차종을 사려면 타사 계열 대리점 혹은 중고차 전문업체에 가는 것이 좋다. 물론 자사 계열 대리점에서 가격 협상을 할 여지는 존재한다. 비인기 차종의 경우 표시가격이 비싸게 쓰여 있더라도 겁내지 말자. 경우에 따라 덤핑 가격에 가까울 정도로 할인받을 수 있다. 마음에 꼭 드는 물건을 발견했다면 자신감을 갖고 가격 협상을 해보자. 의외로 좋은 결과를 얻을 수 있다.

중고차 매매업체의
얼렁뚱땅 수법들

가족 빼고는 모두 도둑놈으로 보라는 말이 있다. 정말 야박한 이야기이지만, 중고차 매매에서도 다양한 수법으로 고객을 속이는 일이 흔하다. 비전문가의 입장에서는 알아차리기가 쉽지 않다는 게 문제다. 특히 차에 대해 잘 모르는 소비자라면 속수무책이다.

부품, 엔진오일 교체

중고차의 일부 부품에 문제가 있어 신품으로 교체했다고 하면 믿을 수 있을까? 구입가가 비싼 순정부품이 아닌 재생품이나 유사 부품으로 교체하고 구매자에게는 순정 가격으로 청구하는 경우가 대표적인데, 구매자가 알아보기 어렵다. 속이는 쪽에서는 절반 이상의 이익을 남기는 것이다.

이런 사기 수법에 넘어가지 않으려면, 부품이 들어 있던 빈 상자를

순정부품을 확인하기 위해서는 빈 상자나 포장재를 요구하는 것이 좋다.
사진은 벤츠 순정부품, 가솔린 인젝터

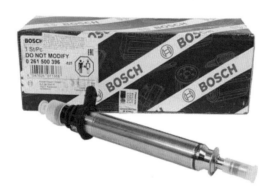

엔진오일 교체 작업

보여달라고 요구하면 된다. 양심적인 업체는 요구하지 않더라도 사용한 부품의 빈 상자라든가 포장재를 남겨둔다. 엔진오일 교환도 그렇다. 등급이 높은 것을 넣었다고 하고 실제로는 저렴한 것을 사용한다. 작업하는 내내 옆에서 지켜보지 않는 이상 구별은 불가능하다.

취득세 차액 가로채기

취득세에서 남겨 먹는 것도 업자들이 자주 쓰는 수법이다. 중고차 구입자는 통상 매매상사나 영업사원에게 등록 관련한 일을 맡기기 때문에 벌어지는 일이다. 몇 푼 안 된다고 생각할 수도 있지만 연식이 낮고 가격이 꽤 나가는 중고차라면 결코 무시할 수 없는 금액이다.

앞에서도 다뤘지만, 중고차의 취득세도 신차와 동일하게 차량 가격에 주요 옵션 가격을 더한 금액의 90%를 취득가로 보아서, 그 금액의 7%를 납부한다. 그런데 중고차에는 또 하나의 옵션이 있다고 설명했다. 중고차 과세표준의 7%를 내는 방법이다. 취득세 차액이 발생하는 이유다. 지금부터 예를 들어 설명해 보겠다.

신차인 시점에서 공표가격의 90%에 상당하는 금액이 2,000만 원인 자동차가 있다고 해보자. 해가 바뀌면 잔가율은 0.681이 된다. 즉 자동차의 가치는 2,000만원이 아니라 1,362만 원으로 떨어진다. 그런데 시장에서 1년이 막 지난 자동차라면 20% 정도 할인해서 판매한다. 1,600만 원 전후로 시세가 형성된다는 뜻이다.

양심적이지 못한 매매상사나 영업사원이 이 틈을 파고든다. 고객에게는 실제 판매금액(1,600만 원)의 7%인 112만 원을 세금으로 낸다고 하고, 세무서에는 과세표준(1,362만 원)의 7%인 95만 원만 납부하는 것이다. 차액인 17만 원이 그들 주머니로 들어가는 셈이다.

이런 일을 방지하려면, 중고차 구입 시 세무사무소가 발행한 정식 영수증을 받아야 한다. 세금 영수증은 업체가 아닌 구매자 본인 앞으로 발행된다는 사실을 명심하자. 만약 영수증을 분실했다거나 자신들이 발행한 임시 영수증을 갖고 있으면 된다고 말하면 의심이 가는 상황이다.

'차량검사 포함'이라서 이득?

매매업체의 '차검車検 포함 물건이니 무조건 이득'이라는 말을 진심으로 믿는 사람들이 많다. 결론적으로 이 말은 거짓말이다. 세금이나 보험료를 내준다면 그럴 수도 있겠지만 차검 비용은 아니다. 사실 차량검사(메인터넌스) 비용은 본체가격 안에 포함되어 있다고 보는 것이 합리적이다. 그 본체가격을 근거로 중고차를 구매하고 세금과 보험이 바로 징수되지 않는가. 차검까지 2년 가까이 남아 있다고 기분 좋아할 필요도 없다. 그 비용이 본체가격 안에 포함되지 않았을 리 없다. 차검과 같은 부수적인 것들은 신경 쓰지 말고, 싸면 사고 비싸면 사지 말아야 한다.

고객 입장에서 매매업체를 잘 다루는 방법

많이 둘러보는 것이 중고차 선택의 기본이라고 했다. 그것은 만만찮은 고객이 되라는 말과 같다. 안 팔아도 좋으니 오지 말았으면 하는 이른바 '노 땡큐 고객'이 되라는 뜻은 아니다. 업체 입장에서 만만찮은 고객, 존중받는 고객, 잘해주고 싶은 고객이 되는 방법을 알려주겠다.

무턱대고 의심하지 말자

가끔 처음부터 상대를 의심하고 사기꾼 취급하는 사람들이 있다. 그 결과는 다시 오지 말라고 쫓겨나거나 진짜 속아서 된통 바가지를 쓰게 된다. 예전에 미터 되감기를 해서 팔거나 희귀한 외제차라면서 연식을

1~2년 속여서 파는 전문업자들이 횡행한 것은 사실이다. 완전히 근절되었다고 말하기는 어렵지만, 지금은 아주 극소수 악덕업자만 남아 있을 뿐이다.

다짜고짜 의심부터 하려면 중고차는 쳐다보지도 말고 신차를 사면 된다. 영업사원의 말마다 "거짓말 아니에요? 그걸 누가 믿어요?"라고 대응한다면 오히려 나쁜 결과가 나올 수 있다. 그렇지 않아도 중고차 관계자들은 고객의 신뢰를 매우 중요하게 생각하고, 신뢰를 얻었을 경우 자신의 최고 자산으로 여긴다. 그러니 근거도 없이 매도당한다면 고객에게 잘해주고 싶은 생각이 완전히 사라질 것이다.

허세 부려봐야 바로 탄로난다

자신이 중고차에 대해 잘 안다고 허세를 부리는 것도 좋은 태도가 아니다. 아무리 많이 알아도, 상대는 365일 눈만 뜨면 자동차를 주무르는 사람들이다. 산전수전 다 겪고 별별 고객을 다 다루어봤다. 이 업계에서 밥벌이하는 프로에게 허세 부리는 고객 다루기란 어린아이 손목 비틀기와 같다. 겉으로는 '대단하시네요'라고 칭찬하고 속으로는 코웃음을 칠 것이 뻔하다.

정말로 중고차에 대해 많이 알고 있더라도 일단은 숨기는 편이 유리하다. 칼은 칼집에 있을 때가 가장 무섭다는 격언을 기억하길 바란다. 만에 하나라도 상대가 얕보거나 속이려 할 때 칼을 빼 들면 된다. 프로

는 프로를 알아본다고 했다. 한마디만 툭 던져도 상대를 움찔하게 만들
수 있다.

비교하기보다 아픈 곳을 찔러라

'내가 중고차 업계를 잘 아네, 중고차 시세에 정통했네'라고 어필하면
서 가격을 깎아달라고 해 봤자 아무 소용이 없다. 다른 곳에서 같은 물
건을 천만 원에 팔고 있으니 천만 원까지 절충해 달라고 하는 것도 서투
른 교섭 방법이다. 몇 번이나 말했듯이 같은 연식에 같은 주행거리라도
내용물이 다르면 가격이 다르기 때문이다.

다른 업체와 비교하기보다는 그 물건의 결정적 흠을 잡아 가격을 깎
는 것이 훨씬 영리한 수법이다. 아픈 곳을 찔린 상대는 어떻게든 반응하
게 되어 있다.

필자가 아는 베테랑 영업사원은 '기분 나쁜 손님에게는 절대 밑지고
팔기 싫은데, 나를 믿어주는 고객을 만나면 좀 손해를 보더라도 다음 기
회를 생각하게 된다'라고 말한다. 자신을 신뢰하는 고객일수록 친구나
지인을 소개해주는 경우가 많다는 것을 경험적으로 아는 것이다.

파는 사람이나 사는 사람이나 마음이 잘 맞으면 어느 정도의 이해득
실은 양해한다. 그런데 무턱대고 가격을 깎는 고객은 다음을 기약할 수
없는 고객, 그러니 절대 손해 보고 팔 수 없는 고객이 되는 것임을 명심
하자.

단종된 차를 원하는
사람들을 위한 조언

단종 차, 혹은 절판 차라고 부르는 것은 그 이름으로 더 이상 생산되지 않는 차를 말한다. 단종 차라고 뭉뚱그려서 말하지만 상황은 천차만별이다. 절판된 지 30년이 지난 물건부터 바로 1년 전에 생산이 중지된 물건까지 다양하다.

최근 몇 년간 레트로풍이 인기를 모으자 그 여파가 자동차에도 불어닥쳤다. 하지만 자동차는 옷이나 신발처럼 옛것을 복제해서 만들지 못한다. '전 세계에 몇 대밖에 없는'이라는 희소성과 실물 가치에 의미를 두기 때문이다. 일부 올드팬들은 현역으로 달릴 수 있는 정비가 잘된 단종 차에 눈독을 들이고, 단종 차 마니아들은 팬클럽을 만들고 커뮤니티에서 활발히 소통하기도 한다.

2023년 3월에 생산 종료된 스포츠 세단, 기아 스팅어

하지만 리스크도 만만찮다. 자동차는 안전하지 않으면 존재가치가 없는 기계이기 때문이다. 아무리 소중히 다뤘다 해도 시간이 흐른 만큼 노화를 피할 수 없다. 표면상 보이는 것 이상으로 내부가 주저앉아 있는 경우도 많다.

외관에 홀딱 반해서 단종 차를 샀는데 사자마자 트러블이 계속된다면 보통 고민이 아니다. 단종된 지 오래된 차를 구입했다면 어느 정도 각오는 했겠지만, 트러블이 트러블을 불러온다면 인내하기 어렵다.

절판 차 구입자가 가장 걱정하는 것이 부품 조달일 것이다. 자동차 메이커는 자사가 생산한 자동차 부품을 10년간 의무적으로 출하하게 되어 있다. 그렇다고 10년 이상 된 중고차 부품을 입수할 수 없느냐 하면 그렇지는 않다. 메이커에서 결품이 되었더라도 대개의 물건은 손에 넣을 수 있다. 30년 이상 된 옛날 모델이라도 재생품 등으로 보급이 된다.

2020년 단종되고 오히려 거래량이 급증한 르노코리아 SM5

보급이 되지 않으면 유사한 부품이나 다른 부품으로 그럭저럭 대체할 수 있다.

절판 차를 구입한 사람들의 불안감을 잠재우는 방법 중 하나는 관련 동호회에 가입하는 것이다. '함께 건너면 두렵지 않다'라는 말이 있다. 같은 모델의 자동차를 타는 동지들과 정보를 공유하는 것은 유용할 뿐 아니라 또 다른 즐거움이다. 메이커의 고객상담실이나 대리점을 방문해 도움을 얻을 수도 있다.

마지막으로 한 가지 조언을 덧붙이고 싶다. 아무리 낡은 물건에 흥미가 많고 단종 차를 꼭 타보고 싶더라도, 기계에 관심이 없는 사람이라면 그만두는 편이 좋다. 간단한 메인터넌스(차량 점검)는 본인이 직접 하고, 여기저기 묻고 찾아서 문제 해결을 하는 것이 단종 차를 타는 묘미이기 때문이다.

박병일 명장의 중고차 알짜 정보

단종 차 구입 원칙 7가지

① 단종 차, 절판 차 전문 취급점을 여러 군데 둘러봐서 비교한다.

② 풍부한 매물과 정보를 가지고 있는 곳을 찾는다.

③ 단종 차 각각의 메커니즘과 특성에 관해 잘 아는 직원이 있으면 좋다.

④ 개별 매물의 결점을 확실히 말해주는 곳이라면 안심이다.

⑤ 자동차의 부품을 지금도 손에 넣을 수 있는지 확인한다.

⑥ 다른 부품을 이용해서라도 메인터넌스(차량 점검)를 해줄 수 있는 베테랑 정비사가 있는 곳을 선택한다.

⑦ 나머지는 일반 중고차 선택 기준을 따른다.

수입 중고차 전문점에서
득템하기

요즘 젊은 층을 중심으로 수입 중고차 인기가 급상승하고 있다. 중고차 전문지들도 수입 중고차 특집 기사들을 자주 게재한다. 젊은 층뿐 아니라 국산 차에 싫증이 난 중년층도 수입 중고차에 눈길을 주고 있다. 환율이 치솟아도 수입 중고차의 인기는 꺾이지 않아서, 이러한 붐이 일시적 현상이 아님을 알 수 있다.

수입 중고차라고 하면 일단 '재판매 가치'가 높다고 생각할 수 있다. 확실히 독일 차, 그중에서도 벤츠나 BMW는 재판매 가치가 독보적이다. 그러다 보니 부담스러운 가격대의 물건이 많다. 반면 미국, 프랑스, 이탈리아제 중고차 중에는 차종에 따라 가격이 상당히 떨어진 물건들이 섞여 있다. 3년 탔을 뿐인데 공짜에 가까운 가격에 매입된 물건도 있어서, 요즘 말로 득템할 기회가 있다.

수입 중고차를 살 때는 무엇보다 사고 이력이나 수리 이력이 확실치 않은 물건은 피해야 한다. 상대적으로 지식과 정보가 많은 수입차를 선택하라는 것이다. 그리고 외관보다는 차대와 동력, 구동 계통이 튼튼한 차를 선택하자. 외관에 심한 흠집이 있더라도 200~300만 원 들여 수리하면 거의 신차처럼 다시 태어날 수 있다. 깔끔하게 수리해서 10년은 더 탈 수 있는 물건도 있다.

수입 중고차의 경우 한 가지 주의해야 할 점이 있다. 연식과 초기 등록연도가 다를 수 있다는 것이다. 매매업체에 반드시 확인해 두어야 할 사항이다.

그렇다면 수입 중고차는 어디에서 사야 할까? 전문지마다 기사성 광고가 넘쳐나므로 수입 중고차 전문점은 쉽게 찾을 수 있다. 하지만 혼자 방문하기엔 꽤나 용기와 배짱이 필요할 것이다. 상당한 지식을 갖고 있지 않다면 혼자 가지 않는 편이 좋다.

수입 중고차에 대해 잘 아는 지인, 수입 중고차를 구입해 본 친구들과 함께 가거나 인맥을 총동원해 정보를 수집하고 분석한 다음 행동해야 한다. 외국에서 생산되어 외국인이 타고 돌아다니던 자동차가 아닌가? 아무리 사고 싶은 마음이 앞서도 충동구매는 위험을 배가시키는 행동이므로 말리고 싶다.

CHAPTER 03

중고차
외관 확인부터
시승 요령까지

세 번쯤 방문해야
비로소 결점이 보인다

'뭐야, 또 왔어?'라는 의미를 담은 냉담한 눈빛은 신경 쓰지 말자. 여러 번 방문하고 꼼꼼히 비교하는 것이 나쁜 일도 아니고, 구경한다고 전시 상품이 닳는 것도 아니지 않는가? 들여다보거나 만지거나 타보는 정도로 싫은 내색을 한다면 지체 없이 구매 대상에서 제외하자.

신차라면 뽑기 실패를 하더라도 교환이라는 기회가 있지만, 중고차는 세상에 단 한 대밖에 없는 차다. 실패는 돌이킬 수 없는 결과를 가져오기에 그만큼 바지런히 비교하고 돌아다녀야 한다. 한 곳만 둘러보고 덥석 결정해버리면, 나중에 다른 곳에서 더 좋은 물건을 발견하고 후회하게 된다.

인간의 심리는 참 이상해서, 자신이 구입한 중고차의 가격 동향이 핑

장히 궁금하다. 차를 이미 샀는데 더 열심히 가격을 찾아본다. 그래서 높은 가격이 매겨져 있으면 자신이 잘 샀다고 생각해 미소가 지어지고, 반대로 싸고 좋은 물건이 눈에 들어오면 화가 치민다. 물론 표시가격만 비교해서 일희일비하는 것은 잘못된 일이다. 누누이 얘기하지만 각각의 물건이 다 다르기 때문이다.

그렇게 물건을 보러 다니는 동안 자연스럽게 중고차 상식도 풍부해 지고 안목도 높아진다. 몇 시간쯤 돌아보고 나면 처음 점찍어둔 물건의 결점이 몇 가지쯤 보일 것이다. 중고차는 필연적으로 흠이 있기 마련이 고 그 흠을 핑계로 가격 협상을 하는 것이다. 그런데 그것 한 대만 쳐다 봐서는 흠이 보이지 않는다.

비슷한 물건을 많이 비교해봐야 비로소 물건의 흠 잡기가 가능해진 다는 것이 필자의 지론이다. 파는 쪽은 결점을 숨기려고 하고, 사는 쪽 은 어떻게든 결점을 찾아내려 한다. 이해가 상충될 수밖에 없다.

"서투른 속임수 등 신용과 관계된 나쁜 짓은 절대 하지 않습니다. 무 엇보다 안목이 만만찮은 손님들이 많습니다. 반대로 쉽게 척척 사주는 고객은 무척 고맙다고나 할까요." 중고차 업체 사장의 말이다. 그렇다면 우리는 만만치 않은 고객이 되어야 한다. 그러기 위해서는 한 대라도 더 많이 보는 것이 필수다. 시간과 노력을 아까워해서도, 냉담한 눈빛에 움 츠러들어서도 안 된다.

외관 점검하기,
초보자도 OK

    '많이 볼수록 잘 산다'라는 필자의 말에 반대하는 이들도 있다. 초보 운전자나 스스로 기계치라고 생각하는 사람들은 '아무리 봐도 그게 그거 같다'라고 말한다. 그러나 초보자에겐 초보자 나름의 방법이란 것이 있다. '여기저기 보고, 이것저것 만져보고, 기어들어가서 걷어보고 젖혀보고, 그리고 타본다'가 대원칙이다. 지금부터 중고차를 '어떻게 봐야 하는지'에 대해 차근차근 알려주겠다.

멀찍이 떨어져서 본다: 전체 밸런스

초보자들은 자동차를 가까이에서 본다. 흠집이나 칠이 벗겨진 곳을 보려면 가까이에서 보는 것이 맞다. 하지만 거리를 두고 봐야 전체 밸런스를 관찰할 수 있다. 3미터, 혹은 5미터 정도 거리에서 정면, 후방, 앞에서 좌우 비스듬히, 뒤에서 좌우 비스듬히 바라보자. 시계 방향으로, 그리고 반대로 빙글빙글 돌면서 봐도 괜찮다.

앞이 기울어져 있거나 뒤가 주저앉아 있다면 가까이서 봐서는 절대 모른다. 같은 모델의 신차를 미리 보고 오거나 카탈로그를 한 손에 들고 본다면 더욱 좋다.

가까이서 본다: 흠집과 도장 상태

흠집도 없고 도장이 벗겨진 곳도 없고, 전체가 반지르르 빛이 난다면 트집 잡을 것이 없다. 그런데 대충 봐서는 안 되고 정말 꼼꼼히 들여다봐야 한다. 특히 보닛, 트렁크, 루프 등에 어렴풋이 지도 모양으로 얼룩이 져 있지 않은지 살펴보자. 순광으로도 보고 역광으로도 보는 것이 좋다.

자동차 도장 기술이 아무리 좋아져도, 한번 색이 바래게 되면 무슨 짓을 해도 그 부분만큼은 티가 나게 되어 있다. 재도장하지 않는 이상 원래의 윤기로 돌아갈 수 없다. 중고차가 웬만한 신차보다 윤기가 난다면 이상한 일이다. 흠집을 숨기기 위해 다시 칠한 것이라 의심되는 것이다. 중고차라면 그 나이에 맞는 광택을 갖고 있는 것이 자연스럽다.

또한 도어 한쪽만 특별히 새 도장이거나 다른 부분 1개소만 전체 색상과 어울리지 않는다면 이전에 무슨 일이 있었다고 판단해야 한다. 가벼운 접촉사고 정도야 용인할 수 있는 범위이지만, 자동차의 골격이라 할 수 있는 섀시까지 영향을 미쳤다면 그런 자동차는 바로 포기하는 것이 좋다. 골격에 문제 있는 자동차에게 매끄러운 주행을 기대하는 것은 무리이기 때문이다.

맑은 날 낮에 본다: 바디 울렁임

중고차 보러 가기 딱 좋은 날이 있다면, 바로 맑은 날 낮이다. 자동차 바디의 희미한 울렁임은 흐린 날이나 밤에 잘 안 보이기 때문이다. 그런데 밤늦게까지 휘황한 조명을 비추며 영업 중인 중고차 매장들이 즐비한 걸 보면 '요즘 사람들은 야간 시력이 뛰어난가'라는 생각도 든다.

그렇다면 바디에 울렁임이 생기는 이유는 뭘까? 판금 수리는 제대로 했지만 원래의 형태로 완전히 복원되지 않았기 때문이다. 바디 울렁임은 무언가에 부딪혀서 철판이 일그러진 흔적으로 봐도 무방하다.

만약 바디의 울렁임을 발견했다면 사고 이력을 더욱 꼼꼼히 확인하고, 사고 차라면 사고의 정도에 대해서도 철저히 조사할 필요가 있다. 영업사원이 얼렁뚱땅 넘어가려고 한다면 그 물건은 피하는 것이 좋다.

자동차 바디의 희미한 울렁임은 맑은 날 낮에 잘 보인다.

과감하게 가격을 깎을 기회 아니냐는 사람들도 있는데 필자는 동의하지 않는다. 자동차는 옷이나 가방처럼 돈만 손해 보고 끝나는 물건이 아니기 때문이다.

펜더, 도어, 보닛 등의 손상이 커서 통째로 교체하는 경우도 있다. 이른바 '어셈블리 교환'인데 이를 식별하는 것은 의외로 쉽다. 교환한 부분은 전체와 어우러지지 않고 뭔가 위화감이 들기 때문이다. 자세히 보면 색상과 윤기가 다르다. 똑같은 검정색 양복이지만 낡은 상의에 새 바지를 입으면 왠지 어색한 것과 비슷하다.

물론 어셈블리 교환을 했지만, 품질이나 성능에 아무 문제가 없는 좋은 물건이 발견되기도 한다. 중요한 것은 사고의 내용이다. 이에 대해서는 4장에서 상세히 설명할 예정이다.

앞뒤 도어 사이의 간격이 균일한지 체크한다

열어보고 닫아본다: 단차와 빈틈

보닛이 꼭 맞게 잘 닫히고 전체의 틈새가 균일한지 체크한다. 트렁크 역시 열었다 닫았다를 몇 번 해본다. 다음으로 도어를 하나씩 닫았다 열어본다. 특히 4도어의 경우 앞뒤 도어 사이(센터 필러)가 들떠 있거나 어긋나지 않았는지 살펴본다. 아무리 힘차게 닫아도 바깥쪽에서 봤을 때 꼭 닫히지 않은 상태라면, 과거에 무슨 일이 있었던 물건이다.

크기보다 깊이가 중요: 유리 흠집

사람들이 의외로 흘려보는 것이 차의 전면 유리다. 유리는 운전자도 모르는 사이에 작은 흠집이 생긴다. 앞차가 튕겨낸 작은 돌이나 반대 차선의 덤프트럭이 흩뿌린 모래 탓이다. 전면 유리의 흠집은 성냥개비 머리 크기라도 불안하다.

대부분의 전면 유리는 2장의 유리를 겹치는 형태로 강화되어 있는데, 흠집이 생기면 그곳으로 물이 스며들면서 2장 사이에 미세한 틈이 생긴다. 그러다가 비포장도로 등 험로 주행 시, 한순간 눈앞에 새하얗게 거미줄이 쳐지면서 깨져버린다. 유리 흠집은 크기보다 깊이가 중요하다. 아무리 작은 흠집이라도 깊은 것이 있다면 언제 깨져도 이상하지 않다.

만약 중고차를 구입한 후에 전면 유리 흠집을 발견해서 컴플레인을 한다면 어떻게 될까? 십중팔구 판매자는 팔고 난 다음에 생긴 흠집이라고 우길 것이다. '그냥 새로 갈고 말지'라고 생각했는가? 자동차 전면 유리는 '헉' 소리가 나올 정도로 비싸다.

전면 유리 다음으로 각 도어의 유리도 살펴봐야 한다. 도어 유리를 자세히 보면 모서리 쪽에 메이커의 마크나 숫자가 표시되어 있다. 4개의 도어 중에 하나라도 다른 것이 섞여 있다면 유리만 교체했거나 도어를 통째로 교환한 것으로 봐야 한다.

여기까지가 그냥 눈으로 쓱 살펴보는 방법이다. 다음엔 허리를 구부리거나 발돋움을 하거나 기어들어가서 점검하는 방법을 소개하겠다.

하체 점검하기,
지금이 허리를 숙여야 할 때

자동차의 '다리'라고 하면 서스펜션(쇽업소버)과 타이어가 해당될 것이다. 초보자가 서스펜션의 손상을 알아보기란 쉽지 않다. 그런데 서스펜션은 안전과 직결되는 장치이므로 아무리 질 나쁜 업자라도 그 부분이 손상된 물건을 그대로 파는 경우는 없다. 그러니 타이어를 중점적으로 살펴보도록 하자.

먼저 타이어의 홈(트레드) 마모도를 점검한다. 트레드가 거의 닳아서 맨둥맨둥한데 주행거리가 2만 킬로미터 전후리면 뭔가 이상하다. 미터기가 잘못되었다고 생각할 수밖에 없다. 적어도 3만 5천 킬로미터 이상은 달려야 그 상태가 되기 때문이다.

다음으로 살펴볼 것이 타이어의 편마모다. 편마모란 타이어의 한쪽만 비정상적으로 닳았다는 뜻이다. 이런 현상이 극단적으로 나타나는 이유는 두 가지다. 이전 주인의 운전 습관이 안 좋았거나 자동차 자체의 밸런스가 나쁘기 때문이다. 타이어에서 끽끽 소리가 나도록 주행하는 사람이 타던 자동차는 구매하지 않는 것이 좋다.

마지막으로 4개의 타이어 홈 상태가 거의 균일한지 점검한다. 육안으로 봐도 들쭉날쭉하다면 전 주인이 자동차 관리를 제대로 하지 않은 것이다. 취급설명서에 나온 대로 4개의 타이어를 로테이션하면서 타라고까지는 하지 않겠다. 최소한 정기적인 점검을 하고 관심을 기울였다면 그 상태까지 되지는 않는다. 타이어 관리도 귀찮아 하던 사람이 타던 자동차라면 다른 부분도 관리하지 않았다고 짐작할 수 있다.

타이어를 보느라 허리를 굽힌 김에, 자동차의 복부에 해당하는 부분도 들여다보자. 배에 큰 찰과상이 없는지, 머플러는 괜찮은지, 미션과 오일팬 등에 오일이 샌 흔적은 없는지 보는 것이다. 만약 얼룩의 흔적이

자동차 하부의
속업소버 부분

기아 인증 중고차의 하체 점검 장면

보인다면 휴지 등으로 닦아서 확인하자.

이상이 있다면 사소하다고 넘기지 말고 지적하는 편이 좋다. 의아한 점, 불안한 점은 거래가 성립되기 전에 확실히 하는 것이 깔끔하고 뒤탈도 없다. 대충 보고 계약한 뒤에 컴플레인을 하면 불편할 뿐만 아니라 원하는 것을 얻어내기도 힘들다.

엔진룸 점검하기,
계통별로 순서대로

사실 중고차가 중고차다운 것은 죄가 아니다. 그렇다고 오해는 하지 말길 바란다. 중고차는 지저분하거나 흠이 있어도 문제없다는 뜻이 아니다. 다만 중고차를 아무리 번쩍번쩍하게 수리해 놓아도, 주저앉을 것은 주저앉고 재질의 품질 저하나 금속 피로는 피할 수 없다는 것이다. 예를 들어 엔진룸을 아무리 구석구석 청소해도 신차처럼 되지는 않는다. 자연스럽게 생긴 오염이나 성능이 저하된 흔적은 당연하다.

지금부터 보닛을 열어 무엇을 점검하는지 알려주려고 한다. 특별한 순서가 있는 것은 아니지만 머리에 떠오르는 대로 이것저것 보는 것보다는 계통별로 점검하는 것이 좋은 방법이다. 그래야 시간도 절약하고 빠뜨리는 부분도 없다. 그러면 순서대로 가보자.

냉각계통

엔진룸을 열고 라디에이터에서 물이 새지 않았는지 캡을 열어본다. 다음으로 냉각수에 심한 녹 같은 것이 떠 있지 않은지, 호스류가 노화되어 있지 않은지도 확인하자. 호스가 망가지기 직전인 중고차가 의외로 많다. 손끝으로 집어내어 만져봐도 좋다. 노화되어 있는 부분은 호스가 탄탄하지 않고 흐물거리면서 구불구불하다.

다음은 팬벨트다. 벨트의 팽팽한 정도와 마모도 등을 점검하면 된다. 팬벨트는 다른 부품에 비해 저렴하면서 꽤 튼튼하므로 교체하는 경우가 드물다. 거꾸로 말하면 장기간 굉장한 속도를 견디고 있다는 얘기다. 중고차 중에서 팬벨트가 파손 직전인 것도 있을 수 있다. 이것이 끊어지면 아무리 고급 차라고 해도 달릴 수 없게 된다.

전기계통

전기계통 중에서 가장 쉬운 것이 배터리 점검이다. 업체 측에 배터리액의 비중을 측정해 달라고 요청하자. 액이 적정량이라 하더라도 비중이 떨어진 상태라면 수명이 거의 다 된 것이다. 뚜껑 주변에 하얀 가루가 꽃처럼 피었다면 이제 슬슬 망가진다는 전조다.

제품과 사용자에 따라 차이는 있겠지만, 보통 배터리 수명은 3년에서 4년으로 본다. 배터리는 특히 겨울에 약해진다. 4~5년 된 중고차인데

한 번도 교환한 흔적이 없는 배터리라면 올해 겨울을 넘길 수 있을지 장담할 수 없다. 갑자기 추워진 날 아침에 시동이 걸리지 않을 수도 있다. 배터리를 점검하는 김에 터미널 접촉 부분도 확인하자. 반드시 커버를 벗겨서 봐야 한다.

점화장치도 보면 좋겠지만, 최근 자동차의 전기계통은 간단치가 않다. 초보자가 확인하기엔 무리가 있으므로 그렇게까지 깊이 들어가지 않아도 된다. 다만, 고연식의 자동차를 구입한다면 점화장치가 지나치게 그을리지 않는지, 플러그에 비정상적으로 카본이 쌓이지는 않았는지 정도만 확인해달라고 요청하자.

연료계통

연료계통이 견실해야 된다는 것은 두말할 나위가 없다. 극단적인 경우가 연료가 새는 현상인데, 오래된 차에서는 아주 가끔이지만 일어나는 일이니 신경 써서 살펴보는 것이 좋다. 연료계통과 함께 엔진오일 상태도 점검하자. 우선 엔진오일 양이 충분한지 게이지를 뽑아서 오일 레벨을 보고, 게이지에 묻은 오일의 질과 상태를 보자. 콜타르처럼 검고 끈적하다면 좋지 않다는 것은 초보자도 직관적으로 알 수 있다.

엔진오일이 많이 오염되었다면 중고차 구입 시 무상 교환을 요구할 수 있다. 무상 교환이 될지 유상 교환이 될지는 구매자의 수완에 달렸다. 엔진오일을 교환한다면 가급적 품질이 좋은 것으로 하자.

실내 점검하기,
바닥 매트부터 트렁크까지

자동차 실내가 어수선하고 지저분하다면, 그것은 단순한 청소 상태 이상의 의미가 있다. 이전 주인이 차에 애정이 없었고 관리가 부실했을 가능성이 크고, 게다가 주행 상태도 좋지 않았을 수 있다. 지저분한 것을 넘어 실내에서 퀴퀴한 냄새까지 나는 자동차는 왠지 정이 안 간다. 대형 업체라면 소독액을 뿌리고 클리너로 세정한 후에 전시하겠지만 중소 업자들은 매입 시의 모습 그대로 둔다. 지금부터 중고차 실내에 들어가 어떤 점을 살펴봐야 하는지 알아보자.

드라이빙 포지션에서 점검하기

운전석에 앉아 발 주변을 차분히 관찰하자. 우선 바닥 매트가 후줄근하고 손상되어 있다면 주행거리가 상당하다고 봐야 한다.

다음으로 브레이크, 클러치, 액셀 등 페달을 살펴보자. 고무가 닳아 생긴 페달 표면의 홈 깊이로도 주행거리를 파악할 수 있다. 페달 표면이 많이 닳아서 당장이라도 금속 부분이 보일 듯한데 주행거리가 4만 킬로미터라고 한다면 의심이 가지 않을 수 없다.

중고차 전문가는 드라이빙 포지션에서 쓱 둘러보는 것만으로도 자동차의 연식과 낡은 정도를 안다고 한다. 중고차 중에는 연식은 오래되지 않았는데 지나치게 낡은 물건도 있고, 연식에 비해 깨끗한 물건도 있다. '주행거리와 연식의 밸런스가 표준 범위 이내이고, 외관과 실내, 부품들이 자연스럽게 조화를 이룬 물건'을 선택하는 것이 좋다는 것이 중고차 전문업자의 조언이다.

자동차 냄새 점검

운전석 시트에 앉아서 차에서 이상한 냄새가 나지 않는지 확인하자. 냄새가 나는 부분이 있다면 적극적으로 덮개 등을 벗기고 확인해야 한다. 가끔은 차에 타자마자 악취에 코를 싸매게 되는 경우도 있다.

담배 냄새, 헤어크림 냄새, 땀과 향수 냄새, 이전 주인의 체취가 뒤섞인 차는 아무리 좋아도 살 마음이 생기지 않는다. 게다가 자동차 천장이나 스티어링 휠, 변속기 같은 내장재가 끈적한 느낌으로 오염되어 있다면, 특별히 무던한 사람을 제외하고는 피해야 한다. 실내 세차를 하면 괜찮아질 것이라 생각하면 오산이다. 자동차의 악취는 몇 년간 깊이 밴 것이다. 생각보다 쉽게 빠지지 않는다.

바닥면과 시트, 젖혀보고 벗겨보자

자동차 바닥에 깔린 카펫을 벗기고 바닥의 상태를 볼 필요가 있다. 실내의 다른 부분이 깨끗해도 바닥에 녹이 슨 경우가 있기 때문이다. 진흙이 묻은 등산화, 흠뻑 젖은 고무장화를 신은 채 자동차를 타는 사람들이 있다. 게다가 바닷물이 묻은 신발이나 장비를 차에 그대로 싣는 경우도 있다. 매주 낚시를 하거나 해산물을 취급하는 사람이라면 일일이 염분을 제거하고 탈 여유가 없다. 카펫 아래에 바닷물이 모이는 셈이므로 녹슬지 않으면 그게 더 이상하다.

다음으로 시트를 꼼꼼히 살펴본다. 담뱃불에 탄 구멍 정도야 그렇다 쳐도 커피나 주스를 쏟아서 오염된 물건들이 꽤 있다.

시트, 시트벨트, 슬라이드 점검

양쪽 프론트 시트를 뒤로 젖혀보고, 앞뒤 슬라이드가 부드럽게 잘 움직이는지 살펴본다. 시트 벨트도 잘 작동하는지 확인하자.

다음으로 운전석을 자신에게 맞도록 조정해 본다. 몇 번 위치를 바꿔가며 시험해보자. 여러 번 해도 어쩐지 딱 맞는 느낌이 들지 않는다면 심각하게 생각해야 한다. 의자를 살 때도 꼭 앉아 보고 사야 한다는 말이 있다. 하물며 자동차 시트가 불편하다면 두고두고 화근이다.

자동차를 타는 사람의 신장은 155cm일 수도 있고 2미터에 가까울 수도 있다. 자동차 메이커들은 대개 신장 170cm 정도에 승차정원 기준이 되는 체중 65kg을 기준으로 설계한다. 그러니 자동차 시트가 내게 안 맞을 가능성도 충분히 있다.

대시보드, 램프, 와이퍼, 에어컨 점검

시동을 걸어서 대시보드의 계기들이 제대로 작동하는지 확인해야 한다. 각각의 조명 램프가 정상적으로 점멸하는지도 살펴보자. 전조등, 미등, 브레이크등 등 램프류 점검은 2인 1조로 하는 것이 좋다. 라이트의 상향, 하향 조정이 잘 되는지도 확인하자. 와이퍼와 혼도 작동해보는 것이 좋다.

전 주인이 차를 마구 다뤘다면 스위치류 1개 정도는 파손되어 있을 가능성이 크다. 라디오 스위치가 망가져 있거나, 시계가 작동하지 않거나, 시거 라이터가 없거나 하는 경우는 매우 흔하다. 도어록 손잡이가 끊어지거나, 실내등 램프가 켜지지 않는 물건도 가끔 있다. 비흡연자라도 재떨이 작동 여부를 확인해야 한다. 작은 물건을 담는 상자로 유용하기 때문이다.

그리고 중요한 것이 에어컨이다. 오래된 차에서는 에어컨 고장이 상당히 많다. 송풍만 되고 냉난방이 되지 않는 물건이 많으므로 반드시 냉방과 난방 모두 확인해야 한다.

트렁크 점검

마지막으로 트렁크 속을 들여다보자. 우선 램프는 들어오는지, 표준 공구는 갖춰져 있는지 확인한다. 표준 공구란 잭, 랜턴, 로프, 타이어 제동 쐐기, 삼각대 등을 말한다. 고속도로에서 고장 났을 때를 대비해 삼각대를 휴대하는 것이 의무화되어 있지만 이를 지키지 않는 경우가 많다. 스페어 타이어가 온전하게 있는지도 확인한다. 펑크 난 타이어를 넣고 다니는 사람들이 의외로 많다. 마지막으로 트렁크 바닥을 들쳐서, 침수 흔적은 없는지 확인한다.

작동 점검하기,
움직여보고 달려보자

앞에서 말한 체크포인트들을 살펴보았다면, 이번에는 작동 가능한 부분을 모두 움직여보자. 만약 영업사원이 싫은 내색을 한다면 바로 나오면 된다. 자동차는 고도의 기술을 하나의 틀 안에 집약시킨 복잡한 기계다. 대충 보고 선택해 후회하는 것보다는 깐깐한 고객이 되는 편이 훨씬 낫다.

작동하는 소리에 귀 기울이자

우선 4개의 도어를 전부 열고 닫고 해보자. 그중 하나 정도는 상태가 좋지 않을 수도 있기 때문이다. 딱 하고 빨려 들어가듯이 맑은 소리가 나면서 닫힌다면 OK다. 이때 4개의 도어에서 나는 소리가 동일한 것이 좋다.

절대 도어를 얕봐서는 안 된다. 도어에도 메이커 특유의 소리가 있다. 메이커들은 엔진의 시동음, 도어가 닫히는 소리 하나에도 신경을 쓴다. 음악가가 고심해서 음감을 만들어내는 것과 비견할 만하다.

도어를 만진 김에, 창문 유리도 올렸다 내렸다 해보자. 브레이크 페달, 클러치 페달을 밟아보고, 스티어링의 유격과 엔진 브레이크의 상태도 시험하자. 메이커별로 혹은 차종별로 특성들이 있다. 도무지 익숙해지지 않을 것 같은 부분이 있다면 조정할 수 있는지 알아보고, 조정이 되지 않으면 과감히 포기하는 것이 좋다.

30분 시승 요령

자, 눈으로 구석구석 점검하고 움직이는 부분도 모두 움직여봤다. 이제 남은 것은 달려보는 것이다. 매매업체 직원에게 '30분 정도 시승해보고 싶다'라고 요청하자. 싫다고 하면 그곳에서 안 사면 된다. 달리면서 내 몸 전체로 기계의 상태를 점검하는 것은 매우 중요한 과정이다. 그 감각이, 그 느낌이 나와 잘 맞아야 하기 때문이다.

시승한다면서 매장 주변의 정체된 도로를 느릿느릿 주행해서는 안 된다. 가능하면 고속도로를 시속 100km 정도로 달리면서 삐걱거림과 진동, 소음을 체크해야 한다. 또 일정한 순항 속도를 내면서 스티어링 휠에서 살짝 손을 떼본다. 직진성을 시험해보는 것이다. 도로에 문제가 없는데 자동차 앞쪽이 좌우 한쪽으로 치우친다면 섀시가 비뚤어졌거나 타이어에 원인이 있다. 가능하다면 험로 주행을 해보고, 급커브와 급브레이크 등도 시험해 보면 좋다.

브레이크는 특별히 신경 써야 한다. 브레이크 감각은 모든 자동차가 다 다르기 때문이다. 차량 검사 후 1년 반 정도 경과한 자동차라면 브레이크 작동에 문제가 있을 수 있다. 중고차 관계자들에게 '중고차에서 가장 중요하게 봐야 할 것이 무엇인가?'라는 질문을 했을 때, '브레이크'라는 대답이 가장 많이 나왔다.

시승 시 영업사원이나 정비사가 동승한다면 그때그때 질문을 할 수 있어 좋다. 이렇게까지나 꼼꼼하게 점검했다면 구입 후 후회할 일이 거의 없을 것이다.

중고차 성능·상태 점검기록부 보는 법

자동차관리법 시행규칙 제120조(중고자동차의 성능고지 등)에 따르면, 매매업자는 중고차 판매 시에 중고차의 '성능·상태 점검기록부'를 고객에게 의무적으로 제공해야 한다. 자동차의 종합적인 상태를 알 수 있고, 치명적인 사고나 수리 이력도 표시되므로 이를 면밀히 살펴보는 것은 매우 중요하다. 업계에서는 줄여서 '성능기록부' 혹은 '성능지'라고 부르기도 한다. 엔카, K카 등 온라인 중고차 쇼핑몰에서도 성능기록부를 쉽게 확인할 수 있다.

현재 중고차 성능기록부를 작성할 수 있는 곳은 지정 정비업체, 한국자동차진단보증협회, 한국자동차기술인협회 등의 기관이다. 중고차 성능기록부의 유효기간은 120일이며 이 기간을 초과하면 다시 발급받아

중고자동차성능·상태점검기록부
([ ] 자동차가격조사·산정 선택)

제   호   ※ 자동차가격조사·산정은 매수인이 원하는 경우 제공하는 서비스 입니다.

자동차 기본정보
(가격산정 기준가격은 매수인이 자동차가격조사·산정을 원하는 경우에만 적습니다)

① 차명	(세부모델 :)	② 자동차등록번호	
③ 연식	④ 검사유효기간	년 월 일 ~ 년 월 일	
⑤ 최초등록일		⑦ 변속기 종류	[ ]자동 [ ]수동 [ ]세미오토 [ ]무단변속기 [ ]기타( )
⑥ 차대번호			
⑧ 사용연료	[ ]가솔린 [ ]디젤 [ ]LPG [ ]하이브리드 [ ]전기 [ ]수소전기 [ ]기타		
⑨ 원동기형식	⑩ 보증유형 [ ]자가보증 [ ]보험사보증	가격산정 기준가격	만원

자동차 종합상태
(색상, 주요옵션, 가격조사·산정액 및 특기사항은 매수인이 자동차가격조사·산정을 원하는 경우에만 적습니다)

⑪ 사용이력	상태	항목 / 해당부품	가격조사·산정액 및 특기사항
주행거리 및 계기상태	[ ]양호 [ ]불량 [ ]많음 [ ]보통 [ ]적음	현재 주행거리 [ ]	만원 만원
차대번호 표기	[ ]양호 [ ]부식 [ ]훼손(오손) [ ]상이 [ ]변조(변타) [ ]도말		만원
배출가스	[ ]일산화탄소 [ ]탄화수소 [ ]매연	%, ppm, %	만원
튜닝	[ ]없음 [ ]있음 [ ]적법 [ ]불법 [ ]구조 [ ]장치		만원
특별이력	[ ]없음 [ ]있음 [ ]침수 [ ]화재		만원
용도변경	[ ]없음 [ ]있음 [ ]렌트 [ ]영업용		만원
색상	[ ]무채색 [ ]유채색 [ ]전체도색 [ ]색상변경		만원
주요옵션	[ ]있음 [ ]없음 [ ]썬루프 [ ]내비게이션 [ ]기타		만원
리콜대상	[ ]해당없음 [ ]해당	리콜이행 [ ]이행 [ ]미이행	

사고·교환·수리 등 이력
(가격조사·산정액 및 특기사항은 매수인이 자동차가격조사·산정을 원하는 경우에만 적습니다)

※ 상태표시 부호 : X (교환), W (판금 또는 용접), C (부식), A (흠집), U (요철), T (손상)
※ 하단 항목은 승용차 기준이며, 기타 자동차는 승용차에 준하여 표시

⑫ 사고이력(유의사항 4 참조)	[ ]없음 [ ]있음	단순수리	[ ]없음 [ ]있음

⑬ 교환,판금 등 이상 부위			가격조사·산정액 및 특기사항
외판부위	1랭크	[ ]1. 후드 [ ]2. 프론트펜더 [ ]3. 도어 [ ]4. 트렁크 리드 [ ]5. 라디에이터서포트(볼트체결부품)	
	2랭크	[ ]6. 쿼터패널(리어펜더) [ ]7. 루프패널 [ ]8. 사이드실패널	
주요골격	A랭크	[ ]9. 프론트패널 [ ]10. 크로스멤버 [ ]11. 인사이드패널 [ ]17. 트렁크플로어 [ ]18. 리어패널	만원
	B랭크	[ ]12. 사이드멤버 [ ]13. 휠하우스 [ ]14. 필러패널 ([ ]A, [ ]B, [ ]C) [ ]19. 패키지트레이	
	C랭크	[ ]15. 대쉬패널 [ ]16.플로어패널	

210mm×297mm[백상지 80g/㎡ 또는 중질지 80g/㎡]

야 한다는 점을 명심하자. 지금부터 성능·상태 점검기록부를 5가지 부분으로 나눠서 설명해보겠다.

❶ 자동차 기본정보

성능기록부 1페이지의 윗부분은 '기본정보'로 1번부터 10번 항목에 해당한다. 등록번호, 연식, 최초등록일, 차대번호, 변속기 타입 등 그야말로 기본적인 사항들이 기록되어 있다.

❷ 자동차 종합상태

11번 항목인 '종합상태'에서는 주행거리, 배출가스, 특별이력, 용도변경, 색상, 옵션에 대한 정보가 기록되어 있다. 만약 주행거리 및 계기 상태가 불량으로 표시되어 있다면 '현재 주행거리'를 보장하기 어렵다는 뜻이다. 또한 침수 여부와 리콜 대상인지 아닌지도 여기에 표시되므로 자세히 살펴봐야 한다.

❸ 사고·교환·수리 등 이력

성능기록부에서 가장 중요한 부분이다. 해당 차량의 수리 이력과 사고 유무를 표시하는 곳으로 12번부터 13번 항목에 해당한다. 12번에서 '사고이력'과 '단순수리'를 나눠서 표시하고 있다는 점을 확인하자. 자동차 부위별로 교환(X), 판금·용접(W), 부식(C), 흠집(A), 요철(U), 손상(T) 등을 체크하도록 되어 있다.

자동차 그림에도 표시되므로 직관적으로 확인할 수 있다. 여기에 체크된 것이 많을수록 더 꼼꼼히 점검해야 한다.

❹ 자동차 세부상태

성능기록부의 2페이지부터 3페이지 위(뒤쪽 참고)의 14번 항목에서는 오일 누유, 냉각수 누수, 변속기, 클러치, 조향, 제동, 전기계통, 연료 등의 세밀한 상태를 알 수 있다. 양호 또는 불량, 있음 또는 없음으로 표시된다. 여기서 눈여겨볼 것은 오일 교환주기나 누유, 실린더 헤드, 자동변속기 슬립 등이다. 차를 사자마자 수리해야 되고 큰 비용이 들어갈 수 있는 부분들이다.

❺ 자동차 기타정보

성능기록부 3페이지 아래(뒤쪽 참고)는 외장, 광택, 휠, 타이어, 유리 등의 수리 필요 여부를 표시한다. 이는 매수인이 자동차 가격 산정을 원하는 경우에만 표기한다.

❻ 유의사항과 사진, 책임자 서명

성능기록부의 4페이지(뒤쪽 참고)는 성능기록부의 고지 의무, 보증기간, 판단기준에 대한 세부 사항과 함께 자동차 가격 산정에 관한 내용이 기재된다. 성능기록부의 마지막인 5페이지(뒤쪽 참고)에는 점검 장면을 촬영한 사진과 점검자, 가격 산정자, 성능기록부 고지자의 이름과 서명이 들어간다.

자동차 세부상태

(가격조사·산정액 및 특기사항은 매수인이 자동차가격조사·산정을 원하는 경우에만 적습니다)

⑭ 주요 장치	항목 / 해당부품		상 태	가격조사·산정액 및 특기사항
자기진단	원동기		[ ]양호 [ ]불량	만원
	변속기		[ ]양호 [ ]불량	
원동기	작동상태(공회전)		[ ]양호 [ ]불량	만원
	오일누유	실린더 커버(로커암 커버)	[ ]없음 [ ]미세누유 [ ]누유	
		실린더 헤드 / 개스킷	[ ]없음 [ ]미세누유 [ ]누유	
		실린더 블록 / 오일팬	[ ]없음 [ ]미세누유 [ ]누유	
	오일 유량		[ ]적정 [ ]부족	
	냉각수 누수	실린더 헤드 / 개스킷	[ ]없음 [ ]미세누수 [ ]누수	
		워터펌프	[ ]없음 [ ]미세누수 [ ]누수	
		라디에이터	[ ]없음 [ ]미세누수 [ ]누수	
		냉각수 수량	[ ]적정 [ ]부족	
	커먼레일		[ ]양호 [ ]불량	
변속기	자동변속기 (A/T)	오일누유	[ ]없음 [ ]미세누유 [ ]누유	만원
		오일유량 및 상태	[ ]적정 [ ]부족 [ ]과다	
		작동상태(공회전)	[ ]양호 [ ]불량	
	수동변속기 (M/T)	오일누유	[ ]없음 [ ]미세누유 [ ]누유	
		기어변속장치	[ ]양호 [ ]불량	
		오일유량 및 상태	[ ]적정 [ ]부족 [ ]과다	
		작동상태(공회전)	[ ]양호 [ ]불량	
동력전달	클러치 어셈블리		[ ]양호 [ ]불량	만원
	등속조인트		[ ]양호 [ ]불량	
	추진축 및 베어링		[ ]양호 [ ]불량	
	디퍼렌셜 기어		[ ]양호 [ ]불량	

조향		동력조향 작동 오일 누유	[ ]없음 [ ]미세누유 [ ]누유	만원	
	작동상태	스티어링 펌프	[ ]양호 [ ]불량		
		스티어링 기어(MDPS포함)	[ ]양호 [ ]불량		
		스티어링조인트	[ ]양호 [ ]불량		
		파워고압호스	[ ]양호 [ ]불량		
		타이로드엔드 및 볼 조인트	[ ]양호 [ ]불량		
제동		브레이크 마스터 실린더오일 누유	[ ]없음 [ ]미세누유 [ ]누유	만원	
		브레이크 오일 누유	[ ]없음 [ ]미세누유 [ ]누유		
		배력장치 상태	[ ]양호 [ ]불량		
전기		발전기 출력	[ ]양호 [ ]불량	만원	
		시동 모터	[ ]양호 [ ]불량		
		와이퍼 모터 기능	[ ]양호 [ ]불량		
		실내송풍 모터	[ ]양호 [ ]불량		
		라디에이터 팬 모터	[ ]양호 [ ]불량		
		윈도우 모터	[ ]양호 [ ]불량		
고전원 전기장치		충전구 절연 상태	[ ]양호 [ ]불량	만원	
		구동축전지 격리 상태	[ ]양호 [ ]불량		
		고전원전기배선 상태 (접속단자, 피복, 보호기구)	[ ]양호 [ ]불량		
연료		연료누출(LP가스포함)	[ ]없음 [ ]있음	만원	

자동차 기타정보
(이 항목은 매수인이 자동차가격조사·산정을 원하는 경우에만 적습니다)

		항 목			가격조사·산정액
수리필요	외장	[ ]양호 [ ]불량	내장	[ ]양호 [ ]불량	만원
	광택	[ ]양호 [ ]불량	룸 크리닝	[ ]양호 [ ]불량	
	휠	[ ]양호 [ ]불량	운전석 [ ]전 [ ]후 / 동반석 [ ]전 [ ]후 / [ ]응급		
	타이어	[ ]양호 [ ]불량	운전석 [ ]전 [ ]후 / 동반석 [ ]전 [ ]후 / [ ]응급		
	유리	[ ]양호 [ ]불량			
기본품목	보유상태	[ ]있음 [ ]없음 ([ ]사용설명서 [ ]안전삼각대 [ ]잭 [ ]스패너)			

최종 가격조사·산정 금액 [ ][ ][ ][ ][ ][ ] 만원
이 가격조사·산정가격은 보험개발원의 차량기준가액을 바탕으로 한 기준가격과
([ ]기술사회, [ ]한국자동차진단보증협회) 기준서를 적용하였음

⑯ 특기사항 및 점검자의 의견	성능·상태점검자	
	가격·조사산정자	

유의사항

※ 중고자동차성능·상태점검의 보증에 관한 사항 등

1. o 자동차 매매업자는 성능·상태점검기록부(가격조사·산정 부분 제외)에 기재된 내용을 고지하지 아니하거나 거짓으로 고지함으로써 매수인에게 재산상 손해가 발생한 경우에는 그 손해를 배상할 책임을 집니다.

   o 자동차성능상태점검자가 거짓 또는 오류가 있는 성능상태점검 내용을 제공하여 아래의 보증기간 또는 보증거리 이내에 자동차의 실제 성능·상태가 다른 경우, 자동차매매업자는 매수인의 재산상 손해를 배상할 책임을 지며, 자동차성능상태점검자에게 이를 구상할 수 있습니다.(매수인이 성능상태점검자가 가입한 책임보험 등을 통해 별도로 배상받는 경우는 제외)

   o 자동차인도일부터 보증기간은 ( )일, 보증거리는 ( )킬로미터로 합니다.
   (보증기간은 30일 이상, 보증거리는 2천킬로미터 이상이어야 하며, 그 중 먼저 도래한 것을 적용)

   o 자동차매매업자는 중고자동차 성능·상태점검기록부를 매수인에게 고지할 때 현행 자동차성능·상태점검자의 보증범위(국토교통부 고시)를 첨부하여 고지하여야 합니다. 동 보증범위는 '자동차성능·상태점검자의 보증범위'(국토교통부 고시)에 따르며, 법제처 국가법령정보센터 또는 국토교통부 홈페이지에서 확인할 수 있습니다.

   o 자동차의 리콜에 관한 사항은 자동차리콜센터(www.car.go.kr)에서 확인할 수 있습니다.

2. 중고자동차의 구조·장치 등의 성능·상태를 고지하지 아니한 자, 거짓으로 점검하거나 거짓 고지한 자는 「자동차관리법」 제80조제6호 및 제7호에 따라 2년 이하의 징역 또는 2천만원 이하의 벌금에 처합니다.

3. 성능·상태점검자(자동차정비업자)가 거짓으로 성능·상태 점검을 하거나 점검한 내용과 다르게 자동차매매업자에게 알린 경우 「자동차관리법 제21조제2항 등의 규정에 따른 행정처분의 기준과 절차에 관한 규칙」 제5조제1항에 따라 1차 사업정지 30일, 2차 사업정지 90일, 3차 등록취소의 행정처분을 받습니다.

4. ⑭ 사고이력 인정은 사고로 자동차 주요 골격 부위의 판금, 용접수리 및 교환이 있는 경우로 한정합니다. 단, 쿼터패널, 루프패널, 사이드실패널 부위는 절단, 용접 시에만 사고로 표기합니다.
   (후드, 프론트펜더, 도어, 트렁크리드 등 외판 부위 및 범퍼에 대한 판금, 용접수리 및 교환은 단순수리로서 사고에 포함되지 않습니다)

5. 성능·상태점검은 국토교통부장관이 정하는 자동차성능·상태점검 방법에 따라야 합니다.

6. 체크항목 판단기준(예시)

   o 미세누유(미세누수): 해당부위에 오일(냉각수)이 비치는 정도로서 부품 노후로 인한 현상

   o 누유(누수): 해당부위에서 오일(냉각수)이 맺혀서 떨어지는 상태

   o 부식: 차량하부와 외판의 금속표면이 화학반응에 의해 금속이 아닌 상태로 상실되어 가는 현상(단순히 녹슬어 있는 상태는 제외합니다)

   o 침수: 자동차의 원동기, 변속기 등 주요장치 일부가 물에 잠긴 흔적이 있는 상태

   o 현재 주행거리: 성능·상태점검 당시 해당 차량 주행거리계의 주행거리를 기록하되, 기록한 주행거리가 자동차전산정보처리조직(자동차관리정보시스템)으로부터 받은 주행거리(주행거리계 교체 정보 포함)보다 적은 경우 '특기사항 및 점검자의 의견' 란에 이를 적어야 합니다.

※ 자동차가격조사·산정의 보증에 관한 사항 등

7. 가격조사·산정자는 아래의 보증기간 또는 보증거리 이내에 중고자동차 성능·상태점검기록부(가격조사·산정 부분 한정)에 적힌 내용에 허위 또는 오류가 있는 경우 계약 또는 관계법령에 따라 매수인에 대하여 책임을 집니다.
   · 자동차인도일부터 보증기간은 ( )일, 보증거리는 ( )킬로미터로 합니다.
   (보증기간은 30일 이상, 보증거리는 2천킬로미터 이상이어야 하며, 그 중 먼저 도래한 것을 적용합니다)

8. 매매업자는 매수인이 가격조사·산정을 원할 경우 가격조사·산정자가 해당 자동차 가격을 조사·산정하여 결과를 이 서식에 적도록 한 후, 반드시 매매계약을 체결하기 전에 매수인에게 서면으로 고지하여야 합니다. 이 경우 매매업자는 가격조사·산정자에게 가격조사·산정을 의뢰하기 전에 매수인에게 가격조사·산정 비용을 안내하여야 합니다.

9. 자동차가격은 보험개발원이 정한 차량기준가액을 기준가격으로 조사·산정하되, 기준서는 「자동차관리법」 제58조의4제1호에 해당하는 자는 기술사회에서 발행할 기준서를, 제2호에 해당하는 자는 한국자동차진단보증협회에서 발행한 기준서를 각각 적용하여야 하며, 기준가격과 기준서는 산정일 기준 가장 최근에 발행된 것을 적용합니다.

10. 특기사항란은 가격조사·산정자의 자동차 성능·상태에 대한 견해가 성능·상태점검자의 견해와 다를 경우 표시합니다.

자동차가격조사·산정이란

※ "가격조사·산정"은 소비자가 매매계약을 체결함에 있어 **중고차 가격의 적절성 판단**에 참고할 수 있도록 법령에 의한 절차와 기준에 따라 **전문 가격조사·산정인이 객관적으로 제시한 가액**입니다. 따라서 "가격조사·산정"은 소비자의 자율적 선택에 따른 서비스이며, 가격조사·산정 결과는 중고차 가격판단에 관하여 **법적 구속력은 없고 소비자의 구매여부 결정에 참고자료로 활용**됩니다.

점검 장면 촬영 사진

(앞 면)

(뒷 면)

서명

「자동차관리법」 제58조 및 같은 법 시행규칙 제120조에 따라
([ ]중고자동차성능·상태를 점검, [ ]자동차가격조사 · 산정) 하였음을 확인합니다.

년   월   일

중고자동차 성능·상태 점검자		(인)
자동차가격조사 · 산정자		(인)
중고자동차 성능·상태 고지자	자동차매매업소	(인)

본인은 위 중고자동차성능 · 상태점검기록부([ ]자동차가격조사 · 산정 선택)를 발급받은 사실을 확인합니다.

년   월   일

매수인   (서명 또는 인)

CHAPTER 04

사고 차
족집게
판별법

충돌사고가
차에 미치는 영향

중고차 구입자들은 혹시라도 사고 차를 사게 될까 봐 가장 걱정하는데, 그런 우려는 상당히 합리적이다. 빠른 속도로 달리는 자동차가 외부의 물체와 충돌할 때는 막대한 힘을 받게 되고 그것이 자동차 전체 구조와 개별 부품에 영향을 미치기 때문이다. 그렇다면 충돌 시 자동차는 얼마나 큰 손상을 입을까? 자동차의 속도와 중량에 따라 달라질 것이다. 속도가 빠를수록, 중량이 클수록, 충돌한 물체가 단단할수록 충격은 더 커진다.

한 번쯤은 들어봤을 공식, $E=MC^2$을 상기해보자. 자동차가 받는 충격은 중력에 비례해서 커지고, 속도의 제곱에 비례해서 증가한다. 속도가 2배가 되면 충격력은 4배가 된다는 이야기다. 그러니 자동차 속도를 줄

충돌 속도	40km/h	60km/h	80km/h	100km/h
낙하 충격으로 환산	6m 높이에서 낙하	14m 높이에서 낙하	25m 높이에서 낙하	40m 높이에서 낙하

자동차 충돌과 낙하 충격 비교

이는 것이 사고 피해를 줄이는 최선의 방법이다.

자동차의 충격력을 보다 리얼하게 느낄 수 있는 자료가 있다. 자동차가 콘크리트 벽에 충돌할 경우를 수직의 높이에서 떨어지는 충격력과 비교한 것이다. 자료에 따르면 시속 60㎞로 달리는 자동차가 콘크리트 벽에 부딪힌다면 5층(14미터) 건물에서 떨어진 충격과 흡사하다. 상상만 해도 아찔하다.

관성의 법칙 = 사고의 법칙

운동하고 있는 물체는 외부로부터 어떠한 힘이 가해지지 않는 한 계속 운동하려는 성질을 갖는데 그것을 '관성'이라고 한다. 주행 중인 자동차도 주행을 계속하려는 관성을 가지므로, 동력이 끊어져도 즉각 정지하지 않는다. 그래서 자동차에는 '제동장치'라는 것이 필요한데, 타이어와 노면 간의 마찰저항을 이용한 것이다. 필요한 순간 자동차가 정지하는 것은 관성을 마찰저항으로 제어하기 때문이다.

그러나 마찰저항에도 한계가 있다. 그 한계를 넘어섰을 때 자동차의 움직임을 제어할 수 없어 사고가 나는 것이다. 운전 중에 장애물을 발견하고 급제동해도, 장애물에 도달하기 전에 정지하지 못하면 충돌하거나 자동차가 도로 밖으로 튕겨 나가는 등의 사고가 발생한다.

속도	40km/h	50km/h	60km/h	70km/h	80km/h	100km/h
관성력(G)	672~720	840~900	1,008~1,080	1,176~1,260	1,344~1,440	1,680~1,800

자동차 충돌이 승차자에게 미치는 관성력(체중 60㎏ 기준)

자동차가 어떤 장애물과 충돌할 경우, 승차자에게도 큰 힘이 작용된다. 이를 '1차충돌'과 '2차충돌'로 나눠서 설명할 수 있다. 1차충돌이란 자동차가 장애물과 충돌해서 관성에 의한 에너지가 소모되고 진행이 멈추면서 자동차가 우그러지는 것을 말한다. 2차충돌이란 자동차 내부와 승차자의 충돌이다.

1차충돌로 자동차는 정지하지만, 승차자는 충돌 시 진행 속도 그대로 돌진을 계속한다. 자동차 내부의 구조물에 부딪히기도 하고 자동차 밖으로 튕겨 나가기도 하면서 중대한 상해를 입게 되는 것이다.

충돌사고 발생 시 미리 대비한다면 어느 정도는 버틸 수 있지 않겠냐고 생각할 수도 있다. 하지만 사람이 몸으로 지탱할 수 있는 무게는 양팔로 50㎏, 양다리로 100㎏이다. 양팔과 양다리로 버틸 때도 120~200㎏에 지나지 않는다. 체중의 3배에 불과하다. 반면 충돌 시 관성력은 시속 20㎞일 때 체중의 6~7배, 시속 120㎞일 때는 체중의 50배 이상이 된다. 결국 충돌사고는 인체에 돌이킬 수 없는 피해를 남긴다.

사고 차는
사고가 난 차가 아니다

사고를 기준으로, 중고차는 '무사고 차'와 '유사고 차'로 나뉜다. 단순히 사고의 유무를 따지는 것이 아니므로 주의해야 한다.

사고가 여러 번 나더라도 자동차 성능에 영향을 미치지 않는 사고라면 무사고 차, 사고가 단 한 번 나더라도 자동차 성능에 영향을 미칠 만한 사고는 유사고 차가 되는 것이다. 중고차 업계에서 통용되는 '완전 무사고 차'가 진짜 사고가 한 번도 나지 않은 차다.

차량의 뼈대(프레임)가 되는 철판들은 용접을 통해 접합된다. 외부 충격 시 승차자의 안전을 지켜주는 것이 이 뼈대이다. 그리고 그 뼈대 위를 덮고 있는 것들을 외부 패널이라고 한다. 도어, 보닛 등이 대표적인 외부 패널이다. 따라서 뼈대에 상처를 입으면 유 사고, 외부 패널에만

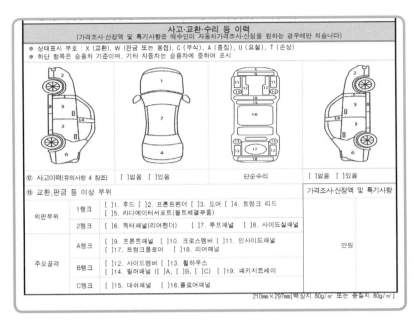

중고차 성능기록부 사고, 수리 부분

상처 입으면 무 사고가 되는 것이다.

앞에서도 설명했지만 사고 유무는 '중고자동차 성능 · 상태 점검기록부'의 12번 항목에 표시되고, 여기에 '단순수리' 유무까지 체크하게 되어 있다. 단순수리란 자동차 성능에 영향을 미치지 않는 수리를 말한다.

그런데 자동차 성능에 영향을 미치고 안 미치고는 어떻게 판별할까? 예를 들어서 설명하면 쉽게 이해될 것이다. 자동차의 앞쪽 펜더(프론트펜더)는 볼트로 체결하는 조립 부품이므로 교환이 쉽다. 따라서 앞쪽 펜더 교환은 여러 번 하더라도 사고 차량이 아니다. 자동차 성능에 영향을 미치지 않기 때문이다.

119

자동차관리법상 '사고 차량'과 '단순수리 차량'

① 사고 차량은 자동차 주요 골격 부위*를 판금, 용접 수리하거나 교환한 차량을 말한다. (쿼터패널, 루프패널, 사이드실패널은 절단·용접 시에만 사고로 표기)

● 자동차 주요 골격 부위란?

A랭크: 프론트패널, 크로스멤버, 인사이드패널, 트렁크플로어, 리어패널

B랭크: 사이드멤버, 휠하우스, 필러패널, 패키지트레이

C랭크: 대시패널, 플로어패널

② 보닛, 도어, 프론트펜더, 트렁크리드 등 외부 패널 부위를 판금·용접하면 단순수리, 교환하면 단순교환이다. 차의 뼈대라 할 수 있는 내부 패널은 손상되지 않았기 때문이다. 또한 범퍼는 소모품이므로 열 번을 교환해도 사고 차가 아니다.

반면 뒤쪽 펜더(리어펜더, 혹은 리어 펜더가 포함된 쿼터패널)는 탈부착되는 부품이 아니고, 자동차의 전체 프레임 중 일부다. 따라서 뒤쪽 펜더 부분이 손상되어서 그 부분을 정교하게 잘라낸 후 새로운 부품을 용접으로 붙였다면, 사고 차량이 된다. 자동차 성능에 영향을 미칠 수 있기 때문이다. 자동차관리법에 사고 차량과 단순수리 차량의 기준을 정하고 있으므로 알아두면 좋다.

사고 차는
무조건 피해야 할까?

'사고 차는 피하는 게 좋을까?'란 질문에 대한 필자의 대답은 '어떤 사고냐에 따라 다르다'이다. 사실 사고 정도, 수리된 부위에 따라 안전 주행에 아무 지장이 없는 물건들도 많다. 시중에 나와 있는 중고차 대부분은 사고가 났더라도 거의 완벽하게 수리되어 있다고 봐야 한다.

그런데 사고 차는 위험하다는 고정관념을 부추긴 장본인이 오히려 중고차 업계라니 아이러니가 아닐 수 없다. 오로지 사고 이력을 숨기는 데만 골몰하다 보니 불신이 깊어진 탓이다. 사고 차에 대한 개념이 제대로 정립되지 않았고 업계의 홍보 활동이 미흡한 탓도 있을 것이다.

그래서 자동차매매사업조합연합회, 한국자동차진단보증협회 등 유관 단체들이 참여해 '사고 차 기준'이라는 것을 만들었다. 다시 말해 다음에 열거된 9개소 중 하나라도 수리 또는 교환된 것을 '사고 차'라 부르기로 정리한 것이다. 즉 ① 프레임(차대), ② 프론트 크로스멤버, ③ 프론트 인사이드 패널, ④ 필러(기둥), ⑤ 대시 패널, ⑥ 루프 패널, ⑦ 룸 플로어 패널, ⑧ 트렁크 플로어 패널, ⑨ 라디에이터 코어 서포트이다.

프론트 크로스멤버(상단)
교환 작업 중인
유사고 차량

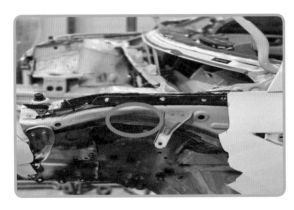

프론트의 인사이드
패널이 변형된
유사고 차량

판금은 뭐고 덴트는 뭘까?

• **판금할까, 교환할까?**

'판금'의 원래 의미는 금속판을 얇게 가공한다는 것이다. 자동차 수리 관점
에서의 판금은 사고 부위를 두드리거나 펴거나 다듬는 등의 작업을 통해
원상태로 복구하는 것을 말한다. 사고가 나면 판금 작업을 할지, 아예 새로
운 부품으로 교환할지 고민이 된다. 판금 작업이 복잡하고 시간과 비용이
많이 들 경우, 교환이 유리할 수 있으므로 전문가의 판단이 필요하다.

• **판금과 덴트의 차이**

요즘 덴트 작업이란 얘기를 많이 들어보았을 것이다. 덴트는 판금보다 경
미한 흠집에 사용된다. 예를 들어 주차하다가 문짝이 살짝 찌그러졌다고
해보자. 전용 도구를 이용해 차량의 패널 안쪽에서 철판을 바깥으로 밀어
내어 원 상태로 복원하는 것이 바로 덴트다. 세심하고 정교한 작업이 요구
되어 주로 고급 차에 사용된다.

그런데 문짝이 찌그러지면서 페인트칠한 부분이 벗겨졌다면 덴트 작업은
할 수 없다. 도색이 필요하기 때문이다. 판금과 덴트의 가장 큰 차이는 도
색이 필요한가 아닌가에 있다.
철판이 아예 찢어졌거나 덴트
공구가 들어갈 수 없는 부위의
손상일 경우에도 덴트는 불가능
하다.

○ 뒤 펜더 판금 작업 중인 자동차

사고 차나 큰 수리를 한 차는 일반 중고차보다 당연히 저렴하다. 단순 매입이든 대차 매입이든 상당히 싼값에 인수했을 것이다. 그중에는 공짜에 가까운 물건도 있다. 그런 물건을 업자가 수리하고 손질해서 부담 없는 가격에 내놓은 것이다.

그래도 걱정이 된다면 중요한 부분을 스스로 체크하면 된다. 성능·상태 기록부에서 어디를 수리했는지 확인한 다음, 그 부분을 꼼꼼히 살펴보자. 교환한 부분은 특히 뒷면에서 보면 알기 쉽다. 신품은 아무래도 색상이 다르기 때문이다. 또한 한 번 분해한 부분은 볼트·너트만 봐도 알 수 있다. 뒤에서 자세히 설명하겠지만, 공구가 닿아서 볼트의 각진 부분이 둥글게 깎여 있기 때문이다.

정면사고, 측면사고, 후면사고
판별법

가장 흔한 사고는 전면부의 사고인데 장애물에 부딪히거나 정면충돌로 발생한다. 다음은 '당하는 사고'라 할 수 있는 추돌이나 측면 충돌이다. 문제가 되는 것은 프레임(차대)이 휠 정도의 대형사고를 당한 차인데, 사실 그런 차를 만날 확률은 낮다.

프레임까지 비틀린 사고 차를 수리하는 것도 힘들고, 수리해서 팔더라도 채산성이 맞지 않기 때문이다. 솔직하게 '하자 있는 차'라고 알려주면 오히려 걱정할 필요가 없다. 성능이나 안전 면에서 충분한 대책을 세웠다는 의미이기 때문이다.

정면사고

승용차 앞부분은 차의 심장이라 불리는 엔진이 있는 중요 부위로, 사고 여부를 판단할 때 가장 먼저 살펴봐야 하는 곳이다. 일단 보닛이 교환되었다면 사고 차일 가능성이 높다.

보닛을 열면 헤드라이트가 있는 부분에 2개의 철제 빔이 90도 각도로 마주 보고 있다. 2개의 철제 빔은 실리콘으로 마감하고 볼트로 연결하므로 실리콘에 이상이 없는지, 그리고 볼트를 풀었던 흔적이 없는지 점검하면 된다. 신차 출고 시 실리콘 작업(실링)은 대개 로봇이 하므로 깔끔하고 매끄러우며 일정한 패턴이 있다. 실링 면이 없거나 불규칙하고, 손톱으로 눌렀을 때 자국이 곧 사라지면 교환되었을 가능성이 높다. 또한 볼트에 칠해진 페인트가 벗겨졌거나 페인트 색감이 다른 부분이 있다면 수리했다고 판단할 수 있다.

보닛이 교환되었다면 프론트 패널 부분도 꼼꼼히 확인해야 한다.

보닛이 교환되었다면, 프론트 패널(라디에이터를 받치고 있는 가로로 된 철제 빔)을 꼼꼼하게 살펴야 한다. 패널까지 수리됐다면 꽤 큰 충격이 가해진 사고였다고 봐야 한다.

측면사고

4개의 바퀴를 감싸고 있는 패널 부위를 '펜더'라고 한다. 앞쪽 펜더는 볼트로 조립하는 외판이므로 앞 도어와 보닛을 열어서 확인한다. 우선 보닛 안쪽에 지지 패널을 직각으로 해서 차체와 같은 방향에 펜더를 연결해주는 볼트가 있다. 볼트마다 똑같은 페인트가 묻어 있으면 정상이고, 따로따로면 교환된 것이다.

앞 도어를 열면 펜더를 잡아주는 볼트가 보인다. 이 볼트 역시 페인

앞 도어를 열면
보이는 펜더 체결 볼트

유리와 차체를 연결하는
검은색 고무 몰딩

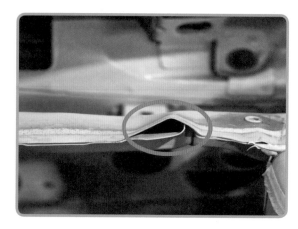

사고로 인한
부품 변형

트가 벗겨지거나 새로 칠해진 흔적이 있는지 점검한다. 새로 페인트칠
을 할 경우 바퀴를 덮고 있는 부위의 안쪽, 타이어, 흙받이 등에 페인트
가 튄 작은 방울이 있으므로 그것도 살펴본다.

도어 교체 여부는 유리와 차체를 연결하는 검은색 고무 몰딩으로 알
수 있다. 몰딩에 페인트 자국이 있거나 페인트 방울이 묻어 있으면 판금

이나 도색을 했다고 볼 수 있다. 몰딩 안쪽(벗겨낸 면)이나 도어 안쪽 면의 도장 및 도색 상태가 다르다면 이 역시 수리 흔적으로 볼 수 있다.

후면사고

자동차의 앞이나 옆은 꼼꼼하게 살펴보면서 후면은 대충 눈으로 훑고 넘어가는 경우가 많다. 그러나 주유구가 있는 뒤쪽 펜더나 트렁크 부분에 사고가 났던 차는 차체의 균형이 깨져 잡음이 있고 잔고장도 자주 발생하므로 신경 써서 봐야 한다.

트렁크를 열면 고무 패킹이 보이는데, 고무 패킹을 벗겨서 철판 모서리가 매끄럽다면 트렁크 부위에 사고가 없었던 것이라 판단할 수 있다. 반면 철판 모서리가 날카롭게 날이 서 있다면 사고를 의심해야 한다.

번호판의 탈부착 흔적도 수리의 증거가 될 수 있다. 단, 이사나 자동차세 체납 등으로 번호판을 바꿨을 가능성도 있다. 트렁크 등 뒤쪽 패널에 판금을 한 경우, 맑은 날 태양을 마주하고 차의 표면을 45도 각도로 봤을 때 빗살이나 원형의 자국을 관찰할 수 있다.

침수차
확인하는 법

최근 여름철 폭우와 가을철 태풍 등 재난 상황으로 한꺼번에 대량의 침수차가 발생하곤 한다. 중고차 구입자들 입장에서는 혹시 침수된 차를 사는 게 아닌지 걱정이 많다. 침수차란 자연재해 또는 사고로 인해 자동차 실내로 물이 유입된 차를 뜻하는데, 그 정도에 따라 3단계로 구분된다.

침수 여부는 카히스토리, 즉 보험처리 내역에서 알아볼 수 있으나 침수 사실을 숨기기 위해 보험처리를 하지 않을 수도 있으니 어쨌든 점검이 필요하다. 가끔 판매가 이루어진 이후에 침수차로 기록되는 경우도 있으니 주의하자.

침수차의 분류

1단계 침수는 실내 바닥 매트까지 물이 들어온 것이다. 시트까지 잠기면 2단계, 엔진이나 운전석까지 잠기면 3단계로 본다. 1단계 침수는 수리 가능, 2단계는 보험수가에 따라 수리 혹은 폐차, 3단계는 95% 폐차라고 보면 된다.

초보자도 가능한 침수 확인법

침수 차량으로 의심되는 상황이면 보다 세밀한 점검이 필요하다. 우선 실내에서 냄새가 나거나 침수 흔적이 없는지 확인한다. 물이 한 번 들어오면 실내에서 곰팡이나 녹 냄새 등 악취가 날 수밖에 없다. 그런데 실내를 꼼꼼히 청소하고 강한 방향제를 사용한다면 악취를 판별하기 어렵다. 이럴 때도 확인할 방법은 있다. 대부분의 운전자가 신경 쓰지 않는 부분을 살펴보는 것이다.

- 연료주입구에 오물이 남아 있는지 확인한다.
- 안전벨트를 끝까지 감아서 끝부분에 흙이나 오염물질이 있는지 확인한다.
- 시트의 스프링이나 탈착부, 헤드레스트 탈착부의 금속에 녹이 나지 않았는지 확인한다.

침수로 인한
흙이나 오염물질이
남아 있기 쉬운
연료주입구

트렁크의 좌측과
우측의 내장재를
벗겨내고 침수 흔적을
꼼꼼이 확인한다.

- 시거잭이나 트렁크 내부의 공구 주머니에 흙이나 오물이 있는지 확인한다.
- 시트 사이의 이물질, 시트레일의 부식 및 교환을 확인한다.
- 히터를 가동시켜서 악취가 나는지 확인한다.
- 라디오, 자동 도어잠금장치, 와이퍼, 시동모터, 실내등, 경음기 등이 제대로 작동하는지 살펴본다. 침수차는 전기계통의 상태가 나쁘기 때문이다.
- 엔진룸과 실내 퓨즈박스 안의 이물질 및 부식을 확인한다.
- 엔진 표면이나 엔진룸에 얼룩이 있는지 확인한다.
- 엔진오일량이 많거나 오일 점도가 낮은지 확인한다.
- 자동변속기 차량의 경우 변속기오일 게이지에 오일이 하얗게 묻거나 오물이 있는지 확인한다. 단, 침수 후 2개월 이상 경과했다면 이 방법으로는 파악하기 어렵다.

실내 내장재 탈거 후 침수 흔적 찾기

침수 여부를 확실히 알기 위해서는 조금 더 전문적인 점검이 필요하다. 또한 실내의 내장재를 떼어낸 후 안쪽을 들여다봐야 한다. 초보자라면 쉬운 일이 아니지만 점검 부위를 알아둬서 나쁠 것은 없다.

- 운전석 아래 스티어링 컬럼 및 샤프트 확인

도어의
사이드스텝 커버

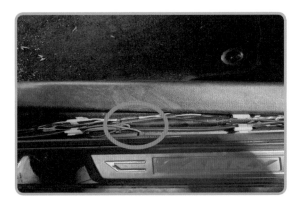

도어 사이드스텝
커버를 벗긴 후,
배선 상태와 이물질을
확인한다.

도어의 몰딩 고무
(웨더스트립)를 벗겨서
침수 흔적을 확인한다.

- 송풍구 안쪽의 먼지와 얼룩 및 이물질 확인
- 도어 트림 탈거 후 안쪽 이물질 및 부식 확인
- 바닥매트 절개선, 도어 트림 안쪽 부품의 이물질 확인
- 도어 스텝(사이드실) 부위 웨더스트립 탈거 후 틈새에 이물질 확인
- 키킹플레이트 탈거 후 안쪽 메인 배선과 틈새 이물질 확인
- ECU, TCU 등 전자제어 부품 탈거 후 이물질 확인

사고차
체크리스트

사고 차를 점검하는 방법을 도장부터 차대번호까지, 8가지로 정리했다. 여기서는 대략적인 개념과 흐름을 숙지하고, 이후에 하나하나 자세히 설명할 예정이다.

❶ 자동차 재도장 및 이색 도장 여부

- 네임플레이트(명판)에 기재된 차체 색상과 현재 색상이 동일한지 확인한다.
- 창틀과 차체 사이의 고무 몰딩 등에 도장 흔적(페인트 날림)을 확인한다.

❷ 차체 연결 부분의 실링 상태

- 출고 자동차의 보닛은 양쪽 가장자리 안쪽에 실링면이 열처리되어 매우 딱딱하다. 실링은 대개 일정하고 매끄럽다.
- 펜더, 카울 패널 및 대시 패널 사이의 연결부위는 일정하게 실링 처리되어 있다. 그 외의 주요 볼트 · 너트 체결 부분에는 메이커의 페인트 마킹(검사 확인 표시)이 있다.
- 보닛, 도어, 트렁크리드 부품 이음새의 실링 상태를 점검하여 실링 면이 없거나 불규칙한지 확인한다.
- 네임플레이트 및 배출가스 표지판이 탈부착된 흔적이 있는 경우에는 교환을 의심해야 한다.

❸ 고정부품 또는 볼트의 작업 흔적

패널, 도어, 보닛, 트렁크리드 등의 외장부품을 탈부착할 때에는 부품을 고정하는 볼트 머리에 복스렌치나 스패너 등으로 작업한 흔적이 생긴다. 따라서 흔적을 발견하면 교환 여부를 의심하는 것이 좋다.

보닛의
배출가스 스티커

배출가스 관련 표지판

인증번호 : LMY-HD-14-07　　엔진배기량 : 2497cc
동일차종 : LHD2.5PG5FRG14　　배출가스자기진단장치 인증
이 차량은 대한민국 환경부의 「대기환경보전법」
및 「소음·진동관리법」의 제규정에 적합하게 제작됨.
엔진조정명세 : 점화시기 및 공회전수는 자동으로 조절됨.
밸브간격(냉시) : 자동으로 조절됨　　점화플러그 간극 : 0.8~0.9mm

적용기준의 연도	시험 모드	일산화 탄 소	탄화수소 및 질소산화물	입자상 물 질	증발가스	비 고	
						차종	배출가스 보증기간
2016	CVS-75	1.06 g/km이하	0.044 g/km이하	0.002 g/km이하	0.35 g/test이하	소형승용	15년 또는 24만 km
	Highway	–	0.044 g/km이하	–			
	합산	2.61 g/km이하	0.044 g/km이하	0.006 g/km이하 (US06)			

R2D　　　🅷 현대자동차(주)　　　32450-2T015

❹ 차체 연결부의 용접 흔적

　도어 및 트렁크리드 안쪽의 고무 몰딩을 탈거하여 스포트 용접 간격이 불규칙하거나 일반 용접 및 판금한 흔적이 있는지 확인한다.

❺ 차체의 중심선 및 보닛 틈새 등에 의한 변형

　보닛 및 트렁크리드, 패널 간의 양쪽 틈새가 균일한지 확인한다. 아울러 차체 측면부 중심선의 균형 및 대칭, 뒤틀림, 차체 기울기 및 일직

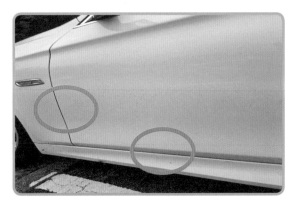

차체의 틈새와 단차가
균일한지 확인한다.
사진은 앞뒤 도어와
스텝 단차 정상 상태

도어와 보닛, 펜더의
단차가 불량인 상태

선 여부도 확인한다.

❻ 언더코팅 여부 및 실런트 상태

트렁크 안의 예비 타이어 장착 부위에 언더코팅이 없고 차체 바닥에 용접 흔적과 코팅이 되어 있으면 차체 뒷면을 붙여 연결한 접합차일 우려가 있으므로 하체를 확인한다.

❼ 제작사 및 창유리 규격번호 확인

- 좌우 창유리가 동일한 제조일 및 규격번호인지 확인한다.
- 전체 창유리의 제조사가 동일한지 확인한다.
- 전면 창유리가 이중접합유리(Laminated)인지 확인한다.

❽ 기타 차대번호 및 원동기 형식

차대번호 및 원동기 형식이 자동차등록증과 다른 경우, 원동기에 터보 또는 인터쿨러가 설치된 경우, 자동차가 연식에 비해 깨끗한 경우, 그리고 이전 등록이 잦은 경우에는 더욱 철저히 점검해야 한다.

재도장
판별 방법

자동차를 재도장한 흔적이 없다면 일단 무사고라고 판단할 수 있다. 자동차 재도장은 부위에 따라 전체도장과 부분도장, 카페인트로 구분된다. 전체도장은 말 그대로 자동차 전체를 도장한 것이고, 부분도장은 독립된 외판 중 한 판 이상을 도장하거나 독립된 외판면 일부를 도장한 경우이다. 카페인트는 스프레이나 붓으로 작은 부분을 보수한 것이다.

만약 전체도장을 한 후 광택작업까지 했다면 재도장 여부를 확인하는 것이 매우 까다롭고 오류가 발생할 가능성이 크다. 고급차일 경우 도장면 평가가 무엇보다 중요하다.

❶ 도장면 평가

- 자동차 사고 후 수리·복원 과정에서 반드시 재도장이 이루어진다. 재도장이 확인된 자동차는 외판 손상 이상의 사고 이력이 있다고 판단해도 무방하다.
- 재도장은 자동차의 손상 정도에 따라서 단순도장, 판금도장, 교환도장으로 구분된다.

  단순도장: 생활 흠집으로 인해 미관상 재도장한 경우

  판금도장: 외부 충격에 의한 복원작업인 판금 후 재도장한 경우

  교환도장: 외부 충격에 의해 외판 등의 교환으로 재도장한 경우
- 판금도장이나 교환도장의 경우는 차체 손상이 다른 부분까지 파급되어 영향을 주었을 가능성이 크므로 유의해야 한다.

❷ 재도장면 판별 노하우

- 조금 거리를 두고 전체를 바라보면 재도장에 따른 색상의 차이를

정비업체에서 이루어지는
자동차 도장 작업

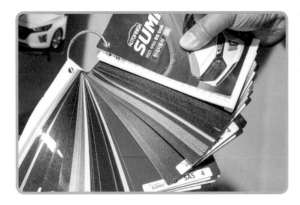

출고 시의 컬러를
재현하기 위해 꼭 필요한
각 메이커별 컬러북

발견할 수 있다. 도장의 가장자리 부분을 살펴보면 재도장 흔적을
더 쉽게 찾을 수 있다.

- 시선을 상하 · 좌우로 움직여가며 그늘진 면과 밝은 면의 명암이
  교차되는 부분을 관찰하면 더 분명하게 식별 가능하다.

- 도장면에 형광등 불빛이 반사되는 부분을 주목하면, 보다 쉽게 재
  도장 흔적을 확인할 수 있다.

- 도장막 두께 측정기를 이용해 교환 및 재도장 여부를 정확하게 판
  단할 수 있다.

- 재도장 시 먼지나 이물질의 흔적, 퍼티 흔적, 샌딩 흔적을 주변 조
  명을 활용해 관찰한다.

- 도장면은 반사되는 경향이 있어 너무 밝은 조명보다는 형광등 같
  은 약한 빛을 이용하는 것이 좋다.

- 태양광이 직접 비치는 곳이나 어두운 곳에서 재도장 상태를 확인
  하긴 어렵다. 장비를 이용하면 도움이 되나 육안 평가에 비해 오히

려 정확도가 떨어질 수도 있다.

• 광택작업으로 생기는 상처는 재도장 시 발생하는 흔적과 혼동하기 쉬우니 유의하자.

❸ 재도장 후 나타나는 문제와 원인

	문제	원인
변색	원래의 도장색과 다르게 변함	• 장기간 옥외에 방치한 경우 • 도료의 전색제 및 안료 불량 • 보수 도장 시 상이한 재질의 안료 사용
크랙	도막 표면이 불규칙하게 갈라짐	• 너무 두껍게 도장한 경우 • 상 · 하도 간 수축률과 신장율이 다른 페인트 사용 • 갈라짐(Crack)이 있는 기존 도막에 보수 작업을 한 경우
벗겨짐	소지와 하도 사이의 부착력 약화로 벗겨져 떨어짐	• 도장 전 처리 작업이 불완전한 경우 • 규정 도막 두께, 건조 조건 등을 지키지 않았을 경우
부풀어오름	• 도막의 일부가 부풀어서 돌기 현상이 일어나는 것으로, 발생 직후 벗겨보면 액체가 존재 • 도막과 소재 사이에 녹이 발생해 도막을 밀어 올리는 현상	• 주로 도장 전 처리 작업 과정이 원인 • 도장 전 작업 과정에서 물로 씻은 다음 건조를 제대로 하지 않았을 경우 • 외판 도장 후 직사광선을 쬔 경우
석회분화	도장면에 흰 가루를 뿌려놓은 것처럼 광택이 사라지고 거칠거칠해짐. 자외선과 수분이 원인	• 안료에 자외선이 흡수되었을 경우 • 전색제와 윤활성이 적은 도료를 사용한 경우 • 중성 안료 등을 도료와 함께 사용했을 경우

실링으로
판별하기

실링sealing 혹은 실런트sealant는 밀봉, 마감을 뜻하는데, 자동차 실링 작업은 거의 실리콘으로 이루어진다. 실리콘은 습기, 공기, 이물질을 차단하므로 외관이 깔끔해지고 밀봉, 방수, 방청 기능도 한다.

실링이 교환이나 사고 여부를 가장 쉽게 판단할 수 있는 단서라고 하는 것은 자동차의 거의 모든 연결 및 접합 부위에 실링 작업을 하고, 초보자라도 한눈에 알아볼 수 있기 때문이다. 앞펜더, 도어, 뒤펜더, 트렁크리드, 보닛 등 볼트에 의해 체결되는 부위와 용접으로 연결되는 프론트패널, 인사이드패널, 대시패널, 리어패널 등 접합 부위 거의 대부분에 실링이 되어 출고된다. 실링 판별은 매우 중요하므로 소홀히 해서는 안 된다.

❶ 자동차의 실링 부위

- 볼트로 체결된 부위: 도어, 프론트펜더, 트렁크리드, 보닛
- 용접으로 연결된 부위: 프론트패널, 사이드패널, 리어패널, 휠하우스, 플로어패널, 인사이드패널, 리어펜더

❷ 실링 판별법

신차 출고 과정에서는 대개 로봇이 실링 작업을 하므로 도포 상태가 깔끔하고 균일하다. 반면 사고 이후 정비소에서 수작업으로 실링을 하게 되면 아무리 정성 들여 작업을 해도 신차처럼 할 수가 없다. 이 점을 이용해 사고 유무를 판단하는 것이다.

우선 실링이 있어야 할 곳에 없다면 교환 차량으로 판단해도 무방하다. 다만 연결 부분에 실링이 되어 있지 않은 차종이 있다. 즉 코란도 패밀리, 베스타 등이다. 이런 차종은 출고 시를 기준으로 평가해야 한다.

정상 실링인지 아닌지 판별하는 방법은 육안으로 살펴보고, 손톱으로 눌러보는 것이다. 다만, 실링의 단단한 정도는 계절에 따라 다르게 느껴지므로 유의하자. 자세한 내용은 아래의 표를 참조하면 된다.

정상 실링과 보수용 실링의 차이

	출고 시의 정상 실링	보수용 실링
두께	대체로 두꺼움	대체로 얇음
균일성	굵기와 형태가 균일	굵기와 형태가 들쭉날쭉함
무늬	가로 방향이 많음	세로 방향이 많고 일정한 간격으로 끊어져 있음
경도	손톱으로 눌렀을 때 탄탄한 느낌	손톱으로 누르면 툭툭 터지거나 부서짐

메이커 공장에서
출고된 상태의
정상 실링

사고 후 수리 과정에서의
보수 실링

출고 시의 실링은
대부분 가로 무늬로
(도포 방향에서 봤을 때)
이루어져 있다.

❸ 실링 판별의 노하우

- 패널 간 접속 및 접합 부분에 실링이 있는지 확인한다.

- 실링이 되어 있지 않다면 교환이 의심되므로, 그 주변도 세밀히 점검한다.

- 실링 상태가 부자연스럽거나 일정하지 않은지 살핀다.

- 자동차의 좌우 동일 부위를 비교하여 실링의 대칭을 확인한다.

- 패널 간 접속 및 접합 부분에 녹이 발생했다면 사고 수리를 의심한다.

- 특정 차종의 실링 특성을 파악하면 재도장 여부를 더 정확히 구분할 수 있다.

볼트로
판별하기

볼트와 용접 상태는 사고차를 판별하는 중요한 기준이니 잘 알아두자. 기본적으로 볼트는 재질이 상이한 부품을 연결하거나 용접이 불가능한 곳에 사용한다. 즉 펜더, 도어, 트렁크, 보닛 등이다. 최근 자동차 볼트를 차체 색상과 다른 색으로 도색하는 경우가 늘고 있어 종합적 판단이 필요하다. 차종별로 볼트의 모양이 제각각이므로 미리 숙지해두면 도움이 된다.

볼트 판별 핵심 포인트

- 볼트 머리의 도색 상태를 확인한다.
- 볼트 머리의 조임 · 풀림 방향으로 상처가 있는지 확인한다.
- 볼트 머리에 소켓(복스)렌치에 의한 상처가 있는지 확인한다.
- 좌우 대칭이 되는 부분의 볼트 상태를 비교한다.

메이커 공장에서
출고 시의 정상 볼트

볼트 머리와 주변에서
수리로 인한 흠집이
확인된다.

스폿 용접으로
판별하기

스폿spot 용접이란 좁은 면적에 큰 전류를 흘려보내, 그때 발생하는 열로 용접부를 녹이고 압력을 가해 견고하게 접착물을 일체화하는 용접 방식이다. 스폿 용접이 무엇인지는 몰라도, 엔진룸 등에서 동그란 자국이 죽 이어져 있는 것을 한 번은 보았을 것이다. 자동차 한 대당 스폿 용접이 3,000개 이상 들어간다고 한다.

실링과 마찬가지로, 신차 출고 시의 스폿 용접은 기계 작업으로 이루어져 깔끔하고 균일한 것이 특징이다. 그러므로 용접 판별의 포인트는 출고 시에 이루어지는 스폿 용접인지 이후 수리를 위한 스폿 용접인지를 확인하는 것이다. 또한 좌우 대칭이 되는 부분의 용접 상태를 비교하

보닛 안쪽 면의
정상 스폿

뒤 유리창 부분에서
확인되는 스폿 용접 자국

고 용접 패널 사이에 틈이 있는지도 확인해야 한다.

다만, 직영 공장에서 수리할 때는 스폿 용접 형태만으로는 판별하기 어려우니 주의하자.

스폿 용접 판별 핵심 포인트

• 스폿 용접은 원형 크기가 5㎜ 이상, 수리 용접은 그보다 작다.

BMW 공장에서 로봇에 의해 이루어지는 스폿 용접 공정

- 스폿 용접의 원형은 또렷하고 일정한데, 수리 용접은 희미하고 불규칙하다.
- 스폿 용접의 간격은 50~60㎜로 일정한데, 수리 용접은 강도를 확보하기 위해 25㎜ 내외로 촘촘하다.

언더코팅
확인하기

언더코팅을 하는 이유는 실링과 마찬가지로 방진, 방청, 방음이다. 즉 녹과 진동, 소음을 막아주는 역할을 한다. 순정 상태의 언더코팅은 실링과 비슷한 재질을 사용하지만, 사제 언더코팅은 대부분 아스팔트계 물질을 도료로 사용해 검은색을 띠는 것이 특징이다.

최근에는 투명 언더코팅 시공을 하는 경우가 늘고 있다. 시공 이후에도 차량 하부의 모습이 잘 보이고, 하부 전체를 코팅할 수 있으며, 차량 무게를 많이 늘리지 않아 연비에도 영향을 미치지 않는다는 이유로 가격이 좀 비싸도 선택하는 것이다.

그런데 언더코팅은 휠하우스, 플로어패널, 스텝과 같은 하체의 큰 패널이 교환되었는지 여부를 판별하는 데 중요한 단서가 된다. 언더코

정상 언더코팅	교환 언더코팅
• 표면이 거칠다.	• 표면에 흐른 듯한 자국이 있다.
• 언더코팅과 함께 실링이 뚜렷이 보인다.	• 실링 위로 언더코팅이 도포되어 있다.
• 색상이 회색 무광을 띤다.	• 색상이 주로 검은색이다.
• 일정한 두께감이 있다.	• 두께가 얇은 편이다.
• 부품 조립 부위에 마스킹 처리되어 있다.	• 마스킹 처리가 되어 있지 않다.
• 필요한 부분에만 부분 도포되어 있다.	• 전면에 넓게 도포되어 있다.

팅이 꼭 필요한 부분에만 되어 있는지, 언더코팅 특유의 거친 질감과 두께감을 확인하면 된다. 또한 언더코팅과 실링이 각각 도포되어 있는지도 확인하자.

탑 교환차
판별하기

탑 교환은 프레임 방식의 자동차에만 해당되는데, 스포츠카, RV(지프), 화물자동차(트럭)가 대표적이다. 탑(바디)과 프레임이 분리되는 자동차가 전복, 화재 등에 의해 심각한 외관 손상을 입을 경우, 프레임을 제외하고 탑 전체를 교환하는데 거의 사고 차라고 봐도 무방하다. 자동차 하부에는 탑을 고정하는 볼트가 있으므로 해당 볼트의 풀림 여부를 확인하는 것이 가장 먼저 해야 할 일이다.

무엇보다 탑 교환차는 실링이나 스폿이 정상이어서 사고 여부를 판별하는 데 상당한 어려움이 있다. 그러나 방법이 없는 것은 아니다. 탑 교환이 가능한 자동차의 경우 차체의 동일성을 확보하기 위해 특정 부분에 표시를 해두기 때문이다. 즉 프레임에는 차대번호(이하 차대각자)를,

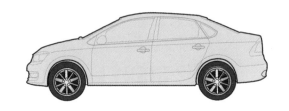

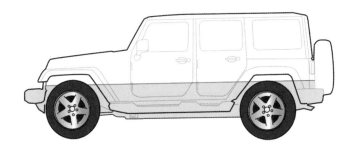

자동차 바디 구조 2가지, 모노코크 방식(위)과 프레임 방식(아래)

탑에는 탑각자를 해놓는다. '탑각자'는 연식에 따라 그 위치에 약간의 차이는 있으나 차종별로 정해진 패널 위치에 타각되어 있으므로 탑 교환을 판단하는 중요 기준이 된다.

지금부터 탑 교환차를 판별하는 방법 4가지를 알려주겠다.

❶ 탑 교환이 가능한 자동차가 전체도장되었는가?

탑을 교환하게 되면 대부분 외판에 전체도장을 한다. 실링이 정상이고 볼트의 풀림 흔적이 없더라도, 전체도장이 되어 있다면 탑 교환을 의심해봐야 한다.

❷ 자동차등록증, 차대각자, 탑각자가 일치하는가?

탑 교환 여부를 가장 확실하게 확인할 수 있는 방법은 자동차등록증의 번호, 프레임의 차대번호, 탑 부분의 바디 번호가 일치하는지 보는 것이다. 일치하지 않거나 확인할 수 없는 경우 탑 교환으로 의심된다. 탑을 교환하면 그 사실을 숨기기 위해 프레임의 언더코팅을 심하게 하는 경우가 많다. 이런 때에도 드라이버나 다른 도구를 이용하여 언더코팅을 벗겨내고 차대각자를 확인해야 한다.

❸ 종합적 판단이 필요한 특수 사례

탑 교환을 하지 않았지만 사고에 의해 탑각자 부분만 단순 훼손된 경

박병일 명장의 중고차 알짜 정보

탑각자와 차대각자 확인하기

① 차종별 차대각자 타각 위치

• 무쏘, 코란도, 렉스턴: 조수석 앞쪽 프레임(프론트 휠하우스)

• 쏘렌토, 테라칸, 갤로퍼: 조수석 뒤쪽 프레임(리어 휠하우스)

• 스포티지, 레토나, 록스타: 조수석 중앙 혹은 중앙에서 앞쪽

(같은 차종이라도 연식에 따라 타각 위치나 형태가 다르다.)

② 탑각자의 재타각 여부

탑각자는 프론트패널에 타각되는데, 제조사에서 재타각한 경우에는 기존 각자 위에 X자로 덮어서 타각하고, 각자 양 끝에 제조사 로고를 새긴다.

우나 프론트패널이 볼트로만 조립된 경우도 있으므로, 실링과 볼트 흔적, 유리 연식, 차대 손상 여부, 외판 패널 등 여러 가지 상황을 종합적으로 고려해 탑 교환 여부를 판단해야 한다.

또한 외판의 교환 흔적이나 사고가 없는 경우에도 탑 교환을 할 수 있다. 예를 들어 도난차의 탑을 통째로 바꾸기도 하고, 탑 교환을 하면서 외판과 실내 내장을 신형으로 바꾸는 경우도 있다.

❹ 주행 평가시 쏠림이나 진동이 있는가

탑 교환 시 엔진 하체 부품이나 미션을 함께 교환했을 확률이 크므로 성능 상태도 주의 깊게 점검해야 한다. 사고로 프레임이 꺾이거나 충격을 받았다면, 주행 평가 시 핸들 쏠림 현상이 생기고 하체에서 진동이나 잡음이 발생한다. 이런 경우 대형사고에 따른 탑 교환 가능성을 염두에 둬야 한다.

접합차
판별하기

접합차란 말 그대로 차와 차를 이어 붙였다는 뜻이다. 더 정확하게 표현하자면, 플로어패널을 기준으로 스텝(사이드실)과 휠하우스를 포함한 차체의 45% 이상을 교환한 자동차가 접합차다. 그렇다면 왜 접합을 하는 걸까? 첫째는 전후방 대형사고가 나서 앞부분이나 뒷부분을 복원하는 경우, 둘째는 도난차를 이용하거나 차대번호를 재타각해 위조로 접합하는 경우다.

둘 중 어떤 경우라도 접합차는 대폭적인 가치 하락의 원인이 되고, 잘못 평가하면 심각한 손실로 돌아오므로 주의해서 점검해야 한다. 사고가 나서 수리 복원했다면 수리한 흔적을 추적해 접합 유무를 가릴 수 있다. 지금부터 조금 더 자세히 알아보자.

A필러 B필러 C필러

접합 부위는
보통 A필러와 B필러이다.

도난 접합차 판별 포인트

일반적인 접합차는 좌우 프론트(A)필러와 플로어패널을 절단한 후 다른 동종 차량의 앞부분 또는 뒷부분을 접합한다. 도난 접합차의 경우는 접합 부위를 숨기기 위해 센터(B)필러 쪽으로 접합하는 경우가 많다고 알려져 있다.

수리 흔적이 없더라도 앞쪽과 뒤쪽 바디의 색상 차이가 나거나 플로어 부근에 용접 흔적이 있으면 접합차로 의심해야 한다. 다음은 도난 접합차 판별 시 주의해야 할 포인트다.

- 리어 플로어부 중앙 부근의 절단 및 용접 흔적
- 오른쪽 플로어부의 절단 및 용접 흔적
- 오른쪽 플로어부 뒤편의 절단 및 용접 흔적
- 리어 플로어부 뒤편의 절단 및 용접 흔적
- 센터 필러와 바디 사이드실 접합부의 절단 및 용접 흔적
- 루프 앞부분과 프론트 필러 상부의 접합부 절단 및 용접 흔적

우선 도장 상태 및 외판의 교환 이력을 종합해서 판단해야 한다. 접합차는 대부분 전체도장이 이루어지고 외판의 여러 부분이 동시에 교환되기 때문이다. 접합차로 의심이 간다면, 앞뒤 부분의 접합 포인트를 중점적으로 확인하자. 자르고 접합하는 위치가 통상적인 기준을 크게 벗어나지 않는다.

가장 확실한 것은 하체 확인이다. 다른 부위에 비해 작업 흔적을 가리기 쉽지 않고, 잘 보이지 않는 부위라 생각해서 작업을 소홀히 하는 경향이 있기 때문이다. 작업 흔적을 가릴 때는 보통 실링이나 언더코팅을 이용하는데, 특히 언더코팅을 전체적으로 도포한 자동차의 경우 접합 가능성이 높으므로 주의한다.

택시 부활차
판별 요령

출고시에는 영업용 택시로 등록되어 일정 기간 운행하다가, 말소 등록 후 자가용으로 변신해 중고차 시장에 나온 자동차를 업계에서는 '택시 부활차'라고 부른다. 택시뿐만 아니라 렌터카 등 영업용 자동차 이력을 가진 중고차를 싸잡아 이렇게 부르기도 한다.

택시 부활차는 대부분 주행거리가 상당하기 때문에 차체 마모도가 심하다. 고장 확률이 높고 안전에도 문제가 생길 수 있다는 뜻이다. 엔진의 한계 수명이라 할 수 있는 50만 킬로미터 가까이 운행한 택시도 많다. 설사 엔진을 교체했다 해도 긴 주행거리에 따른 크고 작은 트러블이 발생할 수 있다.

택시 부활차는 대부분 노후 자동차여서 전체도장을 하는 경우가 많다. 외관상으로는 깨끗하지만, 같은 차종 같은 연식의 자동차와 비교해 그 가치는 현저하게 떨어진다.

❶ 자동차등록증의 '예전 번호'를 확인한다

예전 번호(번호 변경 전 등록번호)에 '바, 사, 아, 자, 하'가 포함되어 있다면 영업용이라고 봐야 한다. 이전 등록을 여러 번 하면 예전의 영업용 등록번호가 등록증에 나오지 않을 수 있으니 주의하자.

❷ 전체도장이 된 차령 7년 정도의 중형차

중고차 시장에 나오는 택시 부활차는 대부분 차령 7년 정도의 중형 이상 승용차이므로, 그중에 전체도장이 되어 있다면 택시 부활차 여부를 철저히 확인해야 한다.

❸ 루프를 중점 확인한다

택시의 루프엔 캡 자국이 있기 마련이다. 루프에 퍼티가 두껍게 들어가 있거나 캡 자국이 남아 있는지 확인하자. 겉에서 확인이 어렵다면 실내등을 분리하고 그 안쪽을 확인하면 된다. 작은 피스 구멍 4개가 있다면 택시 부활차가 강력하게 의심된다. 가끔 테이프를 붙여서 감춰 놓기도 하는데, 테이프가 4개 붙어 있다면 확실하다.

❹ 실내에도 흔적이 남아 있다

택시를 타면 실내 크러시 패드 조수석에 운전자 신분증이 설치돼 있는 것을 보았을 것이다. 신분증 설치 위치에 나사 구멍이 일렬로 서너 개 뚫려 있다면 의심이 된다. 또한 센터페시아(운전석과 조수석 사이의 컨트롤 패널 공간) 오디오 트림 부분의 오른쪽 구멍이 뚫려 있다면 택시 주행 기록계의 봉인 설치 위치일 가능성이 높다.

시트의 마모 정도도 확인한다. 중고차로 부활하면서 레자 시트로 덧씌우거나 중고 시트로 교환하는 경우가 많다. 택시는 바닥이 비닐(폴리우레탄) 같은 재질로 되어 있다는 것도 알아두자.

❺ 개인택시는 LPG 겸용의 가솔린 차량

영업용 차량은 대개 LPG 전용 차량이다. 하지만 개인택시일 경우, 가솔린 자동차의 구조를 변경해 LPG 겸용으로 사용하는 사례가 많다. 이럴 경우, 말소 후에 부활 등록하면서 택시 이력을 숨기기 위해 연료장치를 가솔린으로 변경하므로 확인하기 어렵다.

❻ 엔진룸 안쪽까지 도장이 들어간 경우

이때는 차대번호 부위의 위조가 이루어졌는지 유심히 관찰해야 한다. 심하게 파손된 승용차에서 차대각자를 오려내어 폐차 차량에 위조 부착하는 경우, 차대번호로 인해 자가용으로 오인할 수도 있으므로 주의하자.

❼ 자동차등록증의 검사유효기간이 1년인 경우

승용차의 자동차등록증을 보면 정기검사 주기가 2년으로 되어 있다.

그런데 그 주기가 1년이라면 영업용 자동차의 부활을 의심해야 한다. 두 차례 이상 이전 등록함으로써 최초 검사 유효기간이 확인되지 않는다면, 이후 검사 유효기간이 2년 간격이더라도 안심할 수 없다는 의미다. 비사업용 승용차는 최초 검사 유효기간이 4년이므로, 최초 등록 연도와 첫 번째 유효기간이 4년 간격인지도 확인하자.

구입 시 체크리스트

★ 외관 Exterior-Visual ★	A	B	C	D
앞 범퍼 결함 확인				
보닛 결함 확인				
앞 유리 결함 확인				
우측 헤드라이트 결함 확인				
좌측 헤드라이트 결함 확인				
앞 우측 펜더 결함 확인				
앞 좌측 펜더 결함 확인				
앞 바디 패널 정렬 확인				
운전석 앞 도어 스킨 결함 확인				
조수석 앞 도어 스킨 결함 확인				
운전석 뒤 도어 스킨 결함 확인				
조수석 뒤 도어 스킨 결함 확인				
좌측 사이드실 패널 결함 확인				
우측 사이드실 패널 결함 확인				
천장 결함 확인				
도어와 바디라인 정렬 확인				
필러 결함 확인				
우측 쿼터 패널 결함 확인				
좌측 쿼터 패널 결함 확인				
트렁크 문, 해치, 테일 게이트 결함 확인				
뒤 창문 결함 확인				
뒤 바디 패널 정렬 확인				
모든 바디 패널 녹슨 자국 확인				
도장 상태				
무사고 확인				

A : 우수   B : 양호   C : 보통   D : 불량

★ 외부 기능 Exterior-Functional ★	A	B	C	D
미러 작동 확인				
도어 핸들 확인				
트렁크 핸들 확인				
헤드라이트 확인				
브레이크등 확인				
방향지시등 확인				
안개등 확인				
미등(차폭등) 확인				
기타 라이트 기능 확인				
차량번호판 확인				
컨버터블 탑 작동 확인(컨버터블일 경우)				

★ 내부 Interior-Visual ★	A	B	C	D
도어 웨더 실 파손 확인				
도어 패널 불량, 탈색, 손상 확인				
실내 매트 침수, 마모, 얼룩 등 손상 확인				
실내 트림 손상 확인–대시보드, 콘솔, 도어 트림				
대시보드, 환기구 청결 확인				
글로브 박스, 콘솔 얼룩 및 손상 확인				
컵 홀더 얼룩 및 손상 확인				
시트와 안전벨트 얼룩 확인				
헤드라이너, 필러 얼룩 및 손상 확인				
트렁크 내부 얼룩, 손상 및 악취 확인				
트렁크 툴 확인				
트렁크 바닥 녹 및 기타 손상 확인				

★ 내부 기능 Interior-Functional ★	A	B	C	D
페달 작동 확인				
내부 라이트 작동 확인				
창문, 선루프 작동 확인				
중앙 잠금 제어장치 작동 확인				
미러 작동 확인				
기어 변속 확인				
파킹 브레이크 작동 확인				
보조 파워 소켓 작동 확인				
히터, 에어컨 작동 확인				
오디오, 내비게이션 작동 확인				
스피커 작동 확인				
스티어링 휠 작동 확인				
크락션 작동 확인				
스틱 컨트롤 작동 확인				
계기판 및 백라이트 작동 확인				
와이퍼 작동 확인				
컵 홀더 작동 확인				
글로브 박스 작동 확인				
선바이저 작동 확인				
시트 작동 확인				
안전벨트 작동 확인				
진단 프로그램 및 에어백 코드 리셋 확인				
온보드 진단기 모니터 작동 확인				

★ 타이어와 브레이크 Tires & Brakes ★	A	B	C	D
타이어 브랜드 확인				
좌측 앞 압력				
좌측 앞 마모도				
좌측 앞 브레이크 패드				
좌측 뒤 압력				
좌측 뒤 마모도				
좌측 브레이크 패드				
우측 앞 압력				
우측 앞 마모도				
우측 앞 브레이크 패드				
우측 뒤 압력				
우측 뒤 마모도				
우측 뒤 브레이크 패드				
타이어 손상 확인				
동일 타이어 브랜드인지 확인				
휠 손상 확인				
러그, 볼트 다 있는지 확인				
휠 락, 키 있는지 확인				
스페어 타이어 유무				
브레이크 호스 손상 확인				
브레이크 라이닝-로터, 패드 컨디션 확인				
서스펜션 테스트				

★ 엔진 Engine ★	A	B	C	D
엔진 누액 확인–냉각수, 오일, 파워 스티어링, A/C				
냉각수 호스 손상 없음				
벨트, 풀리 손상 및 상태 확인				
배터리 녹슨 것, 팽윤, 손상 확인				
배터리 케이블 녹슨 것, 타이트함, 손상 확인				
냉각수 레벨과 상태 확인				
브레이크액 레벨과 상태 확인				
파워 스티어링액 레벨과 상태 확인				
오일 레벨과 상태 확인				
엔진 레일과 방화벽 손상 확인				
몸체 먼지 없고 패널 정렬 확인				
제조사 볼트와 힌지의 변경, 교체 확인				
엔진 작동 시 냄새 확인				

★ 하부 Underbody ★	A	B	C	D
언더캐리지 누액, 녹슬거나 손상 확인				
엔진 누액, 녹슬거나 손상 확인				
트랜스미션 누액, 녹슬거나 손상 확인				
트랜스퍼케이스 누액, 녹슬거나 손상 확인				
디퍼런셜 기어 누액, 녹슬거나 손상 확인				
액슬 누액, 녹슬거나 손상 확인				
서스펜션 부속품 누액, 녹슬거나 손상 확인				
쇽업소버 누액, 녹슬거나 손상 확인				
컨트롤암 녹슬거나 손상, 지나친 소모 확인				
배기 시스템 누액, 녹슬거나 손상 확인				

★ 로드 테스트 Road Test ★	A	B	C	D
락투락 스티어링(360도 회전) 정상 작동				
평면에서 직주행				
브레이크 적용 시 차가 옆으로 틀어지지 않음				
스티어링 휠 중앙 밸런스				
서스펜션 진동이나 소음 확인				
타이어 소음 확인				
차 내부의 작은 소음도 확인				
저온 시 엔진 정상 작동				
저온에서 스로틀 정상 작동				
웜 업 진행 중 정상 작동				
정상 온도에서 엔진 정상 작동				
엔진 팬 정상 작동				
비정상적인 엔진 소음과 진동 확인				
사륜구동 정상 작동(사륜구동 차일 경우)				
트랜스미션과 클러치, 미끄럼 없이 정상 작동				
저온 시 오토매틱 트랜스미션 정상 작동				
웜 업 중 오토매틱 트랜스미션 정상 작동				
정상 온도 시 오토매틱 트랜스미션 정상 작동				

CHAPTER 05

⚡

중고차 매매에
힘이 되는
기초 지식

신차인데 중고차?
그 출생의 비밀

자동차 업계에서 말하는 아름다운 계절은 3월과 9월이다. 그때 '신고新古차'가 나오기 때문이다. 반대되는 개념인 신新과 고古를 함께 쓴 일종의 은어인데 '미사용 신차' 혹은 '미등록 신차'라고도 불린다. 그렇다면 왜 3월과 9월에 이 도깨비 같은 신고차가 생기는 걸까?

이는 자동차 업계의 결산 시기와 관련이 있다. 9월은 중간 결산, 3월은 연말 결산 시기다. 이 두 시기가 되면 메이커와 대리점은 신경이 곤두선다. 분기 초에 세운 사업계획의 달성 여부가 판가름나기 때문이다. 천국과 지옥의 갈림길이라고나 할까? 이제 신고차의 운명에 대해 좀 자세히 설명해보겠다.

앞에서 얘기했듯이 자동차는 구입하는 즉시, 각 지방 해당 구청에 명의 신고를 해야 한다. 즉 정부의 인가를 거쳐 등록되고 자동차 번호가 발부된다. 이 자료가 국토교통부나 구청의 컴퓨터에 입력되면 금세 제조사별, 차종별 판매대수가 산출된다.

'금세'라고 하니 실감이 안 될 텐데, 바로 다음날 정오쯤에는 각 메이커의 손에 들어간다고 보면 된다. 경쟁사가 몇 대를 팔았는지, 우리 회사 실적은 상대적으로 어떤지를 지역별로 상세하게 알 수 있는 것이다. 자동차 업계의 책임 있는 위치에 있는 사람에겐 이보다 살 떨리는 일이 없다. 업계 과당경쟁과 부당판매의 근원이 모두 여기에서 시작된다는 것이 필자의 소신이다.

각 메이커는 결산 월인 3월과 9월에 잔인한 등록 데이터를 목전에 두고 일희일비한다. 판매대수가 미미하고 점유율도 미달된, 그야말로 암담한 형국의 메이커는 마지막 수단을 쓴다. 비장의 무기라고 하기는 좀 그렇다. 대부분은 '공정증서 원본 부실 기재'라는 위법행위이기 때문이다.

구체적으로 수많은 종업원, 거래처, 영업사원, 그들의 친구와 친척, 지인 명의를 빌려 한꺼번에 여러 대의 신차가 팔린 것처럼 허위 등록을 하는 것이다. 당연히 정상 판매가 이루어졌을 때와 똑같은 등록 비용이 들어가고, 그것은 고스란히 대리점의 부담으로 돌아온다. 대리점은 제반 비용뿐 아니라, 신차가 중고차로 탈바꿈하는 막대한 손해를 감수한다. 게다가 이런 일이 발각되면 형사 처벌 대상이다.

업계가 투명해진 덕분에 예전만큼 성행하는 것은 아니지만 완전히 사라진 것도 아니다. 음지에 숨어 몰래 하고 있다는 소문도 무성하다.

그런데 대리점들은 왜 이렇게까지 무리를 하는 걸까? 간단하다. 제조사가 주는 인센티브가 어마어마하기 때문이다. 판매도 시원찮은데, 수억 원 단위의 인센티브까지 날릴 수는 없다는 절박함이다.

이런 메커니즘에서 '미사용 신차'라는 것이 탄생하고, 대리점은 허위 등록한 신차들을 어떻게든 처리하려고 안간힘을 쓴다. 당연한 수순으로 할인 판매가 단행된다. 그렇다면 소비자 입장에서 이런 차를 사면 무조건 이득일까? 원래 그 차를 살 생각이었다면 횡재가 맞다. 하지만 오로지 가격 때문에 그 차를 사려고 한다면 다시 생각해보자.

새로운 모델이거나 인기 좋은 차종은 절대 '미사용 신차'로 나오지 않기 때문이다. 십중팔구는 인기 없고 잘 팔리지 않는 차종이라 생각하면 된다.

대차매입과
중고차 가격의 관계

자동차 메이커들이 적극적으로 신차 마케팅에 나서면 어떤 일이 벌어질지 상상해보자. 각 대리점은 한 대라도 더 팔기 위해, 고객이 타던 차를 높은 가격에 대차매입한다. 이렇게 비싸게 매입한 중고차가 잘 팔릴 리가 없다. 장기 재고가 된 중고차는 날이 갈수록 상품 가치가 떨어진다. 게다가 재고를 떠안고 있다는 것은 금리 부담이 가중된다는 뜻이므로 대리점의 경영기반이 흔들린다.

팔기 어려운 중고차, 그것도 '퐁(똥)차'라고 불릴 만한 것들을 비싸게 매입하는 것은 대리점 스스로 목을 조이는 결과가 된다. 더 이상 제 살 깎아 먹는 고가 매입 경쟁을 그만하자는 업계의 목소리가 터져 나오게 된 것이다.

그러자 이번에는 소비자 쪽에서 불만의 소리가 나온다. 도대체 어떤 기준으로 그렇게 중고차 가격을 후려치냐는 얘기다. 공식적인 평가 기준을 갖고 있지 않으므로 끝나지 않는 도돌이표 분쟁이 계속될 수밖에 없다. 사실 이제까지 대리점에 따라, 평가하는 사람에 따라, 상품에 따라, 지역에 따라 평가가 들쭉날쭉했다. 오죽했으면 KTX 운임에 점심값까지 치더라도, 서울 사람이 대전이나 대구에 가서 중고차를 사는 것이 이익이라는 말이 나오겠는가?

업계가 '중고차 가격 기준표'을 만들자고 나선 이유다. 그런데 연식, 주행거리, 자동차검사까지의 잔여기간 등은 바로 계량화가 되므로 문제가 없다. 쟁점은 '차량의 손상 정도를 어떻게 평가할 것인가'였다. 엄청난 논의를 거쳐 항목들이 결정되었고 업계 공동의 평가표, 다시 말해 '중고차 성능 · 상태 기록부'가 탄생했다.

중고차 가격은
누가 정하나?

중고차 가격 기준은 계속 개정되면서 공정성과 정밀도가 향상되고 있다. 현재 이 기준에 따라 연간 수백만 대의 중고차가 평가되고 있다. 그렇다면 누가 중고차를 평가하고 가격을 매길까?

바로 '자동차진단평가사'다.

자동차 진단평가사란?

한국자동차진단보증협회KAIWA가 주관하는 국가공인 자격증 보유자를 '자동차 진단평가사'라 부른다. 예전에는 '자동차사정협회'가 '사정사'

2023년 자동차진단평가사 1급 실기시험 장면

자격을 주었지만, 2007년 자동차진단보증협회로 업무가 통합되면서 '사정사'가 아닌 '진단평가사'로 불리고 있다. 자격을 인가받은 사람만이 중고차를 평가할 수 있게 된 것이다. 만일 무자격자가 중고차를 평가한다면 벌칙을 받는다. 진단평가사 자격시험은 필기와 실기로 나눠 진행되고, 자격은 5년간 유효하다.

그렇다면 진단평가사 자격을 갖고 있는 사람이라면 누구나 정확하게 중고차를 진단할 수 있을까? 그렇지는 않다. 특수한 자동차, 예를 들면, 사고 차나 큰 수리를 필요로 하는 차량의 경우, 상당한 경험을 쌓은 베테랑이 아니면 진단이 잘못될 수도 있다.

진단평가 시의 감점 항목

중고차에서 주로 체크되는 부분은 11가지인데 ① 엔진 관련, ② 하체 (스티어링, 브레이크, 서스펜션 등), ③ 내장(인테리어), ④ 외장과 도색, ⑤ 배

박병일 명장의 **중고차 알짜 정보**

자동차 진단평가사 자격시험

① **자동차 진단평가사(1급) 검정과목**
- 필기검정: 자동차진단평가론, 자동차 성능 공학
- 실기검정: 자동차진단평가 실무(중고차 성능·상태 점검기록부 작성법 포함)

② **자동차 진단평가사(1급) 응시자격**
- 자동차정비 또는 자동차검사 산업기사 자격을 취득한 자
- 자동차정비 또는 자동차검사 기능사 자격을 취득하고 동일 직무분야에서 2년 이상 실무에 종사한 자
- 자동차진단평가사 2급 자격을 취득하고 동일 직무분야에서 2년 이상 실무에 종사한 자
- 자동차 전공 전문대학 및 기능대학 졸업자 또는 졸업예정자
- 외국에서 동일 등급의 학력 및 자격증을 취득한 자
- 학점인증 등에 관한 법률 제8조의 규정에 의하여 자동차 전공 전문대학 졸업자와 동등 이상의 학력을 인정받은 자
- 자동차전공 고등학교 졸업자로서 동일 직무분야에서 2년 이상 실무에 종사한 자
- 동일 직무분야에서 4년 이상 직무에 종사한 자

(자료: 한국자동차진단보증협회)

터리와 전장품, ⑥ 섀시와 프레임, ⑦ 타이어 마모도, ⑧ 부속품의 기능 및 외관, ⑨ 주행거리, ⑩ 사고 이력, ⑪ 자동차검사까지의 잔여 개월 수이다.

위의 주요 항목부터 세부 항목까지 상세하게 점검하고, 기준치에 대해 가점, 또는 감점을 시행한다. 배터리를 예로 들어보자. 6개월 이내의 것에는 감점이 없지만, 25개월을 넘긴 것은 10점 감점한다. 시트에 담뱃불 구멍이 있어도, 조금 탄 자국이 있어도 감점이다. 비흡연자라고 차 안의 재떨이나 시가 라이터를 제거하는 사람이 있는데, 평가 시에는 없는 것보다는 있는 편이 유리하다.

차고를 극단적으로 낮게 개조한 자동차 등, 일반인이 보았을 때 눈살이 찌푸려진다면 상당한 감점을 각오해야 한다. 본인은 멋있다고 생각하겠지만, 중고차로 처분할 때는 생각이 달라질 것이다.

진단평가사는
AI가 아니다

　자신이 팔려는 중고차는 수년간 함께 달리고 함께 생활했던 소중한 존재다. 인지상정으로 감점 항목보다는 가점 항목에 눈이 가는 게 당연하다. 병원에서 혈압을 재듯이 수치로 나오는 것이 아니라 대부분 눈으로 평가하는 것이다 보니 불만이 없을 수 없다. 진단평가사의 성향과 능력에 의해 다소 가감되는 부분이 있다는 뜻이다.

　그렇다면 진단평가사에게 나쁜 인상을 주지 않는 편이 현명하다. 가끔 평가금액이 나온 다음에 항의하거나 소란을 피우는 고객들도 있는데 아무 소용이 없다는 것을 알아두자. 그 방법보다는 자신이 사려고 점찍어놓은 자동차(신차든 중고차든)의 가격을 깎는 편이 낫다. 그 시점이 되어 진단평가사에게 잘 봐달라고 사정해봤자, 감점 10점 되돌리는 것도 상당히 어렵다.

원래 중고차란 것이 세상에 단 한 대밖에 없는 물건이다. 중고차 가격 핸드북에 실려 있는 가격은 그저 기준일 뿐이다. 도저히 납득할 수 없는 경우라면 매매업체를 많이 둘러보는 것도 방법이다. 몇 군데나 돌아다녔지만 대동소이한 평가가 나왔다면 포기하는 것이 좋다. 모든 진단평가사의 눈이 잘못될 리는 없기 때문이다.

진단평가사에게 평가를 맡기기 전에, 자기 자동차가 어느 정도 가치가 되는지 알아보고 싶은 사람도 있다. 시판되는 중고 전문 잡지를 참조하면 된다. 오래전부터 발행되어 어느 정도 신뢰성을 갖고 있는 것이 '중고차 가격 핸드북'인데 메이커별, 차종별로 월별 중고차 가격을 확인할 수 있다.

뽑기 실패의 마지노선은
5년 이내

필자에게 중고차를 정의하라고 한다면 '누군가가 타서 어딘가가 손상된 차'라고 할 것이다. 손상을 수리했다고 해도 신차는 아니다.

물론 신차에도 뽑기 실패가 존재한다. 같은 부품으로 같은 라인에서 조립해도 기계인 이상 상태가 좋은 것이 있고 나쁜 것이 있다. 하지만 신차는 그 나름대로 일정한 수준을 유지하여 출하된다. 바디에 흠집도 없고 녹도 없다. 덜그럭거림도 없고 볼트·너트가 느슨하지도 않다. 설령 조금 문제가 있더라도 말끔히 고쳐준다. 아무리 해도 고칠 수 없다면 새 제품으로 교환해주기도 한다.

반면 중고차는 각각의 히스토리가 있다. 차종, 형식, 연식, 주행거리가 같아도 발자취는 제각각이다. 전 주인의 사용 습관은 그야말로 천차만별인데, 이것이 중고차의 건강 상태를 결정하는 키포인트다.

새 차를 등록하고 해가 바뀌기 전에 시장에 나온 중고차를 '올해 물건'이라고 부른다. 등록한 해의 다음해에 나오면 1년 된 물건이라고 한다. 이런 식으로 5년 된 물건, 7년 된 물건이라 부른다. 중고차 구매자들이 최우선적으로 보는 조건이 차령(연식)인데, 대부분은 5년 이내의 물건을 찾는다. 5년 이상 되어도 좋은 물건이 있겠지만, 뽑기 실패를 하지 않으려는 마지노선이 그쯤 된다는 뜻이다.

중고차를 선택할 때는 정해진 예산 안에서 하게 되는데, 필자라면 차의 등급을 낮추더라도 가급적 연식이 낮은 물건을 고를 것이다. 허세를 부려 고급 차를 샀는데 1년 내내 트러블에 시달린다면 후회막심이다. 실제로 엉터리 물건에 붙잡혀 속앓이하는 사람들을 주변에서 흔치 않게 볼 수 있다.

보증내용과 정비기록부를
꼭 챙겨라

대부분의 신차는 3년~5년 이내, 7만~10만 킬로미터까지 보증해준다. 최근에는 5년 이내, 10만 킬로미터까지 보증이 주류다. 그런데 오해하지 말아야 할 것이 있다. 모든 것을 보증해주진 않는다는 사실이다. 1년 만에 망가진 와이퍼 블레이드까지 보증해주는 메이커는 없다.

보증되는 것은 엔진 본체나 미션 계통처럼 5년이나 10만 킬로미터 안에는 거의 고장 나지 않는 부품이다. 메이커가 자신 있어 하는 부분이란 뜻이다. 그렇다고 보증제도가 없는 것보다는 있는 편이 낫다.

한편 중고차에도 보증제도가 있을까? 대부분의 매매업체가 보증제도를 운용하고 있지만 소수는 아직도 무보증으로 거래한다. 필자라면 그런 곳을 가지 않을 것이다. 중고차의 보증제도는 파는 사람에 따라, 혹은 파는 상품에 따라 내용이 달라진다.

메이커 계열의 대리점이 운영하는 중고차 부문 중에서도 보증내용에는 상당한 차이가 있다. 사전에 어느 부분을 얼마의 기간 동안 보증해줄 것인지 잘 알아보고, 다른 업체와 열심히 비교해 보기를 바란다. 절대로 소홀히 해서는 안 될 부분이다.

예를 들어, 작년에 2년 된 물건을 샀는데 올해(3년차) 배터리 전압이 떨어져 버렸다. 배터리 수명을 생각하면 이상한 일도 아니다. 짧은 거리를 들락날락 운행할수록 배터리는 쉽게 방전된다. 그래도 좀 억울한 생각이 들어 보증서를 꺼내서 읽어본다. 여러 번 반복해서 읽어봐도 보증 항목에 배터리는 없다.

요즘은 배터리가 그렇고, 과거에는 팬벨트가 그랬다. 메이커가 바보가 아닌데, 가장 고장 나기 쉬운 부품을 보증해줄 리가 있는가?

하나 더, 중고차 구매자가 꼭 챙겨야 할 것이 자동차의 정비기록부다. 과거에 어떤 고장이나 사고가 있었고, 어떤 수리를 했는지에 대한 기록 말이다. 그런데 이상하게도 중고차 거래할 때 정비기록부가 없는 물건들이 상당히 많다. 이전 주인이 단순 분실했을 수도 있고, 사고 이력을 숨기고 싶은 이전 주인이나 매입한 업체 쪽에서 고의로 없애버렸을 가능성도 있다.

단종 차 붐이 말해주는
중고차의 매력

공급이 적고 수요가 많으면 가격은 올라간다. 중고차 시장에서 이 원칙이 적용되는 것이 바로 단종 차다. 신차로 판매될 때는 큰 인기가 없다가 단종되면서 가치가 올라가기도 한다. 4밸브에 S20형 엔진을 탑재한 닛산의 '스카이라인 2000GT'가 대표적이다. 007 영화에서 제임스 본드가 탄 '토요타 2000GT'도 빼놓을 수 없다.

이런 단종 차들은 사고 싶다고 해서 살 수 있는 물건이 아니다. 어쩌다 매물이 나온다 해도 대부분은 엄청난 가격표가 붙어 있을 것이다. 최근 일부 마니아들 사이에서 단종 차 붐이 일면서, 어처구니없이 높은 가격에 거래되기도 한다. 희소성에 매겨진 가격이므로 합리성이 개입할 여지는 없다. 가격을 높여도 팔리니까 시세가 조금도 떨어지지 않는다는 것이 특징이다.

대표적 단종 차, 닛산 스카이라인 2000GT

닛산 페어레이디Z, 사양과 상태에 따라 가격이 천차만별이다.

단종 차나 클래식카에 관심 있는 사람들은 두 가지를 걱정한다. 하나
는 물건 자체의 품질과 신뢰성이다. 본인이 기계를 잘 안다면 괜찮지만
어설픈 지식으로 덤벼들기는 부담스럽다. 단종 차를 타고 싶어 하는 일
반인을 위해 단종 차 찾는 법이나 구매법에 관해서는 앞에서 다루었다.

또 한 가지 걱정은 가격의 타당성이다. 솔직히 말해 그건 프로가 아니면 알 수 없다. 아니, 프로라고 해도 가끔은 실수해서 장기 재고를 만들기도 한다. 예를 들어, 같은 형식의 '페어레이디Z(닛산)'라도 현물 상태와 사양에 따라 가격이 달라지고, 마이너 체인지 전인지 후인지에 따라서도 인기가 달라진다.

따라서 단종 차를 노리고 있는 사람은 전문 잡지나 그 방면의 전문가들로부터 지식과 정보를 습득하는 게 먼저다. 그런 노력이 귀찮다면 단종 차 같은 것은 과감히 포기하자. 돈뿐 아니라 생명이 걸린 문제이기 때문이다.

박병일 명장의 중고차 알짜 정보

단종(절판) 차의 종류

① 히스토릭 카 *Historic Car*
그 이름이 역사로 남아 있을 뿐, 현물은 거의 사라진 화석 느낌의 물건. '앗! 이 차가 아직도 있네!'라고 기성을 지를 만한 자동차를 말한다.

② 노스탤직 카 *Nostalgic Car*
히스토릭 카보다 한층 젊은 연식의 물건. '그리웠는데 이렇게 보니 반갑군!'과 같은 느낌이 들면서 감회에 젖을 만한 자동차다.

③ 올드뉴 카 *Old new Car*
노스탤직 카보다는 조금 젊은 연식의 물건. '꽤 낡았지만 원숙미가 있군'이라는 생각이 들게 하는 자동차다.

자동차 창유리로
제조 연월 확인하는 법

자동차 창유리를 통해서도 중고차의 중요한 정보를 알 수 있다. 창유리 점검 순서는 운전석 쪽 앞유리 → 전면 유리 → 운전석 쪽 뒷유리 → 뒷유리 → 조수석 쪽 뒷유리 → 조수석 쪽 앞유리다. 보조 유리가 있다면 빠짐없이 확인한다.

❶ 제조사 확인

자동차의 모든 유리는 같은 제조사 제품으로 되어 있어야 한다. 유리의 마킹부분 맨 위에 메이커의 로고가 표시되어 있다(단, 현대자동차는 예외). 메이커 로고가 없다면 교환했다고 판단하면 된다. 다만, 보조 유리의 경우 메이커의 로고가 없을 수도 있다.

정품 창유리

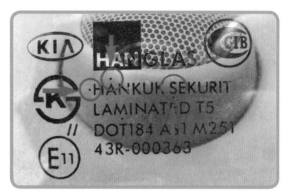

비품 창유리

❷ 제조 연월 확인

자동차의 최초 등록일(연식)과 유리의 제조 연월을 비교한다. 보통은 창유리 제조 연월이 자동차 등록일보다 1~3개월 빠르다. 좌우 유리가 같은 규격일 때는 제조 연월이 같은 것이 정상이다. 만약 자동차 전체 유리의 제조 연월이 자동차 최초 등록일보다 늦은 경우라면 대형사고를 의심해봐야 한다. 다만, 자동차의 유리별 제조 연월이 1~2개월 정도는 차이 날 수 있다.

리콜Recall과
무상수리의 차이

중고차 구입을 앞두고 있는 사람들에게 '리콜'은 관심거리가 아닐 수 없다. 사려는 중고차가 혹시라도 리콜 대상은 아니었는지, 리콜 대상이 었다면 리콜을 받았는지, 리콜 후에 아무런 문제가 없는지 반드시 점검해야 한다. 자동차 리콜에는 제조사의 자발적인 리콜과 국토부의 강제리콜이 있는데, 자발적 리콜이 대부분이다.

리콜은 무기한, 무상수리는 유기한

리콜과 혼동되는 개념 중에 무상수리가 있는데, 차량의 문제가 '안전

194

에 치명적이냐 아니냐로 구분된다. 엔진이나 조향장치 등 차량 운행과 직결되는 부품에 문제가 발생하거나 안전기준에 부적합한 부품을 사용했을 때라면 리콜이 단행된다.

리콜은 시정 기간의 종료일이 없는 것이 특징이다. 마지막 한 대까지 무상으로 수리를 받을 수 있다. 만약 차량 결함으로 개인적으로 미리 수리를 했다면 '리콜 실시일로부터 1년 이내'에 비용을 보상받을 수 있다.

한편 무상수리는 소모성 부품 및 편의장치 등 운행에 불편을 주는 정도의 차량 결함이 발견되었을 때 실시된다. 리콜과 달리 종료일이 있어서, 기간 내 수리를 받지 못하면 소비자가 자비로 수리해야 한다. 이러한 이유로 제조사들은 막대한 비용이 드는 리콜보다 무상수리를 선호한다. 만약 리콜할 사안인데도 제조사가 소극적으로 대처한다면 소비자의

자동차 리콜센터 홈페이지에서 차량번호로 쉽게 리콜 정보를 검색할 수 있다.

신뢰를 잃고 기업 이미지가 실추될 것이다.

리콜 대상인지는 어떻게 알 수 있을까?

리콜 또는 무상수리가 결정되었을 경우, 제조사는 차량 소유자에게 우편이나 문자를 통해 개별통지한다. 물론 언론 보도를 통해서도 알 수 있다. 무상수리의 경우 기한이 정해져 있으므로 제조사로부터 온 우편물은 신경 써서 보는 것이 좋다. 국토교통부 자동차 리콜센터 홈페이지 (htts://www.car.go.kr)에서 차량번호, 차대번호를 입력해도 리콜 여부를 쉽게 확인할 수 있다.

그렇다면 가장 흔한 리콜 사유는 무엇일까? 국산차의 경우는 제동장치와 엔진 결함, 외제차는 실내장치와 엔진 결함이 많았다. 자동차가 첨단화되면서 앞으로는 소프트웨어 오류 등 전기·전자 장치에 의한 결함이 더욱 늘어날 것으로 보인다. 필자는 객관적이고 신속한 사고 원인 조사를 위해 EDR 데이터 공개 범위 확대와 사고기록장치의 의무 장착이 시급하다고 주장하고 있다.

리콜 대상 10대 중 2대는 수리 없이 도로를 질주한다

한 신문 기사에 따르면 리콜 대상 자동차의 20% 가까이가 문제를 바로 잡지 않고 도로를 달리고 있다고 한다. 리콜은 문제가 확인된 부품 등을 수리 · 교환하거나 환불 · 보상 등의 방법으로 이루어진다.

2015년 12월 에어백 문제로 리콜이 진행된 르노삼성의 SM6 모델의 경우, 2019년 9월 시점에서의 시정률이 52.6%에 불과했다. 에어백이 펴질 때 과도한 폭발 압력이 발생해 탑승자에게 금속 파편이 튀며 상해를 입힐 가능성이 제기된 경우이지만, 절반 가까운 차량 소유자가 리콜에 응하지 않고 있다.

2016년 8월 리콜을 시작한 BMW X시리즈 2개 모델도 2019년 9월 시점의 시정률이 각각 43.6%, 47.4%에 그친다. 이 두 모델은 어린이 보호용 좌석이 용접 불량으로 제대로 고정되지 않아 안전사고 발생 위험이 제기되었다.

소비자가 리콜을 미루는 이유는 단순히 귀찮기 때문이다. 하지만 이런 안일함은 자신은 물론 타인의 안전까지 위협할 수 있으므로, 리콜 안내를 받는 즉시 결함을 시정해야 한다. 아울러 제조사와 정부가 리콜 관리에 더 철저히 대응해야 할 것이다.

해외에서는 리콜, 국내에서는 무상수리?

현대기아차가 만든 세타2 엔진에 대해 리콜이 실시되었다. 세타2 엔진에 처음 문제가 불거진 것은 2015년 미국에서였다. 이 엔진을 장착한 차량이 주행 도중에 멈추는 사고가 발생하자 그해 전량 리콜을 단행했고, 이어서 2017년에도 추가로 리콜 조치를 했다. 그런데 같은 엔진에 대해, 국내에서는 리콜이 아니라 보증기간을 연장하는 조치만 취해 역차별 논란이 불었다.

국토부 조사가 시작되고 소비자 불만이 높아지자 현대기아차는 해당 엔진을 자발적으로 리콜하겠다고 입장을 바꿨다. 현대기아차는 미국의 리콜과 국내 리콜의 원인이 다르다는 점을 내세워 달리 대응했지만, 정부와 소비자의 문제 제기에 백기를 든 것이다. 이처럼 메이커들은 주가가 떨어질 정도의 막대한 비용이 드는 리콜에 소극적일 수밖에 든다. 소비자의 적극적 관심과 대응이 필요한 이유다.

아리송한
자동차 첨단 기능들

자동차는 첨단 기술의 집약체다. 요즘 나오는 신차에는 최첨단 전자 장치들이 대부분 들어가 있다. 이런 장치들은 주로 알파벳 3개로 이루어진 약어로 표시된다. ESP, VDC, TCS 같은 식이다. 신차 카탈로그뿐 아니라 자동차 관련 기사, 심지어 광고에도 이런 단어들이 심심찮게 등장한다.

문제는 일반 소비자가 알아듣기 어렵다는 것이다. 인터넷을 뒤져서 어렵게 이해했다 해도 다른 개념들과 혼동되거나 금세 잊어버린다. 첨단 전자장치로 치장된 비싼 차를 샀지만 기능을 잘 모르니 제대로 사용하지 못한다. 그저 좋으려니 넘어갈 수도 없다. 자동차는 안전과 직결된 기계이기 때문이다. 버튼 하나를 잘못 눌러 엄청나게 당황하거나 사고 위험에 처할 수도 있다. 그러니 신차를 사든 중고차를 사든 전자장치 약어에 대해 최소한은 알고 있어야 한다.

❶ ABS *Antilock Break System*

가장 유명한 약어인 ABS는 '브레이크 잠김 방지 시스템'으로 타이어의 제동력을 확보해주는 장치다. 브레이크를 꽉 밟으면 타이어가 움직이지 않는 것 같지만, 실제로는 ABS가 밟았다 풀었다를 반복한다. 운전자가 눈치채지 못할 뿐이다. 이 장치가 있어야 타이어가 계속 구르면서 방향을 잡거나 제동력을 확보할 수 있다. 빗길이나 커브 주행 시 미끄러지지 않고, 급제동 시 타이어가 방향을 잃는 것을 막아주는 것이다.

❷ ACC *Adaptive Cruise Control*

운전자들이 '크루즈' 기능이라고 알고 있는 ACC는 '어댑티브 크루즈 컨트롤'을 말한다. 앞차와의 거리를 미리 설정해 안전거리를 유지하고 앞차 속도에 맞춰 주행하는 시스템이다. 운전자가 브레이크와 액셀러레이터를 번갈아 사용하는 번거로움을 줄여준다. 앞차가 없으면 원하는 속도까지 가속하고, 앞차가 느리게 주행하면 거리를 유지하며 속도를 맞출 수 있는 기능도 갖췄다.

❸ ANC *Active Noise Control*

무선 이어폰 등에서 많이 들어보았을 ANC는 주행 시 발생하는 소음을 줄여주는 장치다. 센서가 실내로 들어오는 엔진 소음 등을 실시간으

2025년형 BMW M4 CS. 최근 출시되는 자동차에는 최첨단 전자기술이 집약되어 있다.

로 점검한 뒤, 도어 스피커와 우퍼를 통해 소음을 상쇄시키는 음파를 내보낸다. 실내를 조용하게 유지할 뿐 아니라 경쾌한 엔진 사운드를 살려 운전의 재미를 더해준다.

❹ HDC *Hill Descent Control*

'경사로 감속 주행 장치'를 의미하는 HDC는 경사가 심한 내리막길을 달릴 때 브레이크와 엔진 토크를 자동으로 조절해 저속으로 주행하도록 해준다. 비슷한 개념의 HSAHill Start Assist는 '경사로 밀림 방지 장치'다. 오르막길이나 내리막길 정차 시, 브레이크 페달에서 가속 페달로 발을 옮기는 동안 차가 뒤로 밀리거나 앞으로 튀어 나가지 않도록 제어한다.

❺ LDW *Lane Departure Warning*

LDW는 '차선 이탈 경고 장치'다. 차량 전방에 탑재된 카메라가 좌우 차선과 차량 위치를 지속적으로 모니터링함으로써, 운전자가 주행 차로를 벗어나면 소리나 진동 등으로 경고를 보낸다. 방향지시등을 켠 후에 차선을 바꿀 때에는 작동하지 않는다.

최근에는 '차선 이탈 복귀 장치'인 LKSLane Keeping System로 기능이 확대되었다. 스티어링 휠의 조향에 직접 개입해 적극적으로 차선 이탈을 방지하는 안전 시스템이다. 여기서 한 단계 더 발전한 ALKA는 '능동적 차선 이탈 방지 장치'를 말한다.

❻ LSD *Limited Slip Differential*

진흙, 모래, 눈밭 등에 바퀴가 빠졌을 때 쉽게 탈출할 수 있도록 도와주는 것이 '차동기어 제한 장치'다. 차동기어는 원활한 코너링을 위해 양쪽 바퀴에 동력을 다르게 전달한다. 예를 들어 좌회전을 한다면, 저항이 걸리는 왼쪽 바퀴보다 오른쪽 바퀴에 더 큰 동력을 공급하는 것이다.

따라서 바퀴가 수렁에 빠지면 차동기어는 대부분의 동력을 헛도는 바퀴 쪽에 전달한다. 헛도는 바퀴는 더 빠르게 회전하면서 점점 깊이 빠져들게 되는 것이다. 이때 LSD는 동력을 양쪽에 똑같이 전달해 헛돌지 않는 바퀴가 움직여 탈줄할 수 있게 해준다.

❼ RSC *Roil Stability Control*

SUV에 적용되는 '전복 방지 시스템'이다. 자이로스코프 센서가 차량의 무게중심 등을 모니터링하다가 기울기가 위험 수준에 도달했다고 판단되면 자동으로 브레이크를 제어하거나 엔진 출력을 줄여 차가 뒤집히지 않게 해준다. ARPActive Rollover Protection는 경차나 준준형차에 사용되는 전복 방지 장치다.

❽ TCS *Traction Control System*

출발 시나 급가속 시, 타이어가 헛도는 것을 막아 안정적으로 달리게 해주는 장치가 TCS다. 구동 바퀴 감지 센서가 미끄러짐을 탐지하면, 자동으로 엔진 출력을 떨어뜨려 휠 스핀을 방지하고 브레이크를 작동시켜 미끄러지지 않게 해준다. 코너링 시에도 한쪽 타이어가 겉돌지 않도록 제어해 코너링 성능을 향상시킨다.

중고차 소유권 이전 등록하기

중고차 소유권 이전은 대부분 매매업체가 대행하지만 어떤 프로세스로 진행되는지 정도는 알고 있는 것이 좋다. 중고차 구매자는 계약서 내용을 꼼꼼히 읽어보고 매수인용 계약서를 꼭 받아두어야 한다. 또한 명의 이전에 문제가 없는지에 대해서도 필히 확인하자.

❶ 등록 기간과 등록처

- **등록기간**: 매매일 경우 매수일로부터 15일 이내, 상속은 상속 개시일로부터 30일 이내, 증여는 증여일로부터 20일 이내
- **등록처**: 양수인의 주소지 관할 시·군·구청

할부 승계 시에 필요한 서류

간혹 신차의 할부가 끝나지 않은 상태에서 중고차로 매매되는 경우가 발생한다. 이때는 반드시 최초 구입한 대리점 등을 통해 할부 상황을 확인해야 한다. 또한 할부를 승계하는 사람은 다음의 서류를 준비한 후, 이전 차주가 매입한 대리점 등을 방문해 새로 계약을 맺어야 한다.

- 구 차주의 인감증명서 1통
- 신 차주의 주민등록등본 1통
- 신 차주의 신분증 1통
- 신 차주의 인감증명서 3통
- 신 차주의 보증인 인감 3통
- 신 차주의 보증인 각각의 인감
- 신 차주의 보증인 재산세 과세증명서 및 등기부 등본

❷ 필요한 서류

- **매입자**: 주민등록등본, 신분증, 인감도장, 책임보험 가입증명서 또는 영수증

  (매매업체가 대리 등록할 경우 양수인의 위임용 인감증명서와 위임장 추가로 필요)

- **매도자**: 자동차등록증(원본), 인감증명서(용도: 자동차 매매용), 도장, 자동차세 완납증명서

(등록관청이 양도인과의 통화 등을 통해 양도 사실 여부를 확인할 수 있는 경우,

양도인은 인감증명서를 내지 않아도 된다.)

중고차 매매 계약서를 쓰려면 주민등록 등본, 이전 등록 위임용 인감

증명서, 인감도장이 필요하니 미리 챙겨놓자.

❸ 소요 비용

수입증지, 수입인지, 취득세, 등록세, 교통채권

(등록기간 만료일로부터 10일 이내 지연 시는 범칙금 10만 원, 11일째부터는 기본

10만 원에 하루에 1만 원씩 추가되어 최대 50만 원)

알아두면 좋은
중고차 용어

온라인이든 오프라인이든 중고차 거래에서 자주 등장하는 용어 몇 가지를 소개한다. 이 정도만 알아도 영업사원과의 대화와 교섭이 원활해질 것이다.

- **1인신조**: 신차 등록부터 중고차로 나올 때까지 한 명의 소유자가 운전한 차량. 차량 관리가 잘되었다는 의미로 사용된다.
- **풀옵션**: 원래 뜻은 선택 가능한 옵션을 모두 갖췄다는 것이지만, 일반적으로 내비게이션, 후방 카메라, 후방 센서, 스마트키, 열선 시트를 갖춘 차량을 말한다.
- **각자 차량**: 연식과 최초 등록일이 다른 차량 중에서 최초 등록일이

늦은 경우. 예를 들어 2025년형 그랜저를 2024년 12월에 등록했다면 각자 차량이 된다.

- **역각자 차량**: 연식보다 최초 등록일이 빠른 경우. 예를 들어 2024년형 그랜저를 2025년 1월에 등록했다면 역각자 차량이 된다.
- **특수용도**(이력): 본래 용도가 아닌 다른 용도로 변경된 이력이 있는 차량. 즉 렌터카, 리스카, 택시 등으로 활용된 이력이 있는 차를 말한다.
- **특수사고**(차량): 전손, 도난, 침수로 인해 보험처리를 한 차량
- **임판차**: 임시번호판을 달고 있는 차량. 중고차로 나왔다면 신차와 다름없으며, 대부분 고객이 계약 취소한 경우다.

업자들만 아는
중고차 은어 모음

　어디든 그 세계에서만 통용되는 은어들이 있는데 중고차 시장이라고 예외는 아니다. 그중에는 은어와 속어들도 있는데 일본어에서 유래된 것들이 많다. 이런 은어들의 이면에는 업계 상황이 반영되어 있다고 봐야 한다. 요즘은 그런 언어들이 거의 들리지 않으니 그만큼 업계가 투명해졌다고도 볼 수 있다.

　지금부터 중고차 업계의 은어 몇 가지를 알려줄 텐데, 매매상사 같은 데 가서 함부로 사용하지는 말기를 바란다. 그냥 그들이 말하는 것을 슬쩍 알아듣는 정도로 충분하다. 만약 여러분이 "이 물건은 원래 '퐁' 해도 될 정도 아닌가요? 이것 봐, 하체도 불량하네"라고 말한다고 해 보자. 업자는 곧바로 '이거 뭐지? 싫으면 그냥 나가!'라는 눈빛을 보낼 것이 분명하다.

- **퐁(차)**: 고물차, 폐차, 속된 말로 똥차
- **코나레루**: 가격이 널뛰기하다가 점차 시세가 안정되는 현상
- **타쿠 아가리**: 택시나 렌터카를 승용차로 개조한 차
- **오찌**: 가격 하락. 30만 오찌=30만 원 싸졌다.
- **타마**: 물건. 타마가 없다=물건이 부족하다
- **보즈**: 민머리. 홈이 닳은 타이어를 의미
- **아시**: 다리와 발. 자동차 하체와 바퀴를 의미
- **브이 사롱**: 부자가 된 듯한 기분이 드는 자동차. 스포츠카 계통의 차
- **츕 빠루**: 인기가 좋아 시세가 높은 물건
- **시타도리**: 타던 차를 인계하고 신차를 구입하는 것
- **마고토리**: 타던 차를 인계하고 중고차를 구입하는 것

CHAPTER 06

중고차 매매에서 흔히 만나는 함정

중고차 잡지의
개인 광고에 주의하라

중고차 전문 잡지에 실린 수많은 광고를 보고 있자면, 정말 이 작은 광고로도 매매가 성사될지가 궁금해진다. 이것은 필자가 직접 겪은 이야기다. 인천의 한 중고차 대리점이 낸 프레지던트 중고차 광고를 보고 지인이 연락을 해왔다. 그 대리점에 아는 사람이 있으면 좋은 조건에 사도록 해달라는 부탁이었다.

필자는 그 대리점의 사장을 알고 있었지만, 그런 일로 사장에게 말하는 것은 아니다 싶어서 실무자와 가격 절충을 해봤다. 하지만 실무자는 단호했다. A급 물건이므로 추가 할인은 있을 수 없다는 것이다. 조금 당황스러웠다. 필자에게 부탁한 사람은 지인인 동시에 고객이기도 해서, 어쩔 수 없이 대리점 사장에게 직접 연락하지 않을 수 없었다. 결국 육상 운송비를 무료로 해주는 것으로 겨우 체면치레를 했다.

　사실 지인이 보았던 것은 다섯 줄짜리 광고였다. 작은 지면의 광고로도 거래가 성사될 수 있음을 실감했던 사례다. 현대를 정보의 홍수 시대라고 한다. 중고차에 국한해 봐도 전문 사이트, 전문 잡지가 넘쳐나고 각 중고차 사이트, 각 잡지엔 매주 매월 매물 광고가 빽빽이 실린다. 게다가 기사를 가장한 광고까지 가세한다.

　'가을 빅 페어!', '올봄 최대의 번쩍번쩍 시장!' 같은 부류의 광고 이외에, 명함보다 작은 사진을 넣은 광고, 앞에서 말한 다섯 줄짜리 광고도 즐비하다. 정보가 많아서 선택의 폭이 넓어진 것은 맞지만 그중에는 의심스러운 광고도 끼어 있다.

　특히 개인이 게재한 '팝니다' 광고는 주의해야 한다. 잡지를 매개로한 개인 매매에는 최소한의 안전장치도 없기 때문이다. 상당한 배짱과 수고가 필요하고 위험 요인을 안고 가야 한다는 점을 명심하자.

개인 간 거래는
상상 이상으로 번거롭다

중고차 통계를 보면 개인 간 거래 비중이 무시할 수 없을 정도가 되었다. 먼저 중고차를 팔려는 사람 입장에서 보자. 대리점의 중고차 부문도 아니고 중고차 전문업자도 아닌 개인 간 매매에 나선 까닭은 뭘까? 대리점이나 전문업자에게 팔면 바로 그날로 현금을 손에 쥘 수 있는데 성가신 개인 매매를 선택한 것은 두말할 필요 없이 조금이라도 많이 받기 위해서다.

전문가들은 엄격하고 냉정하다. 파는 입장에서는 늘 자신이 예상한 가격을 받지 못한다. 자신의 차가 그렇게 후려쳐 깎일 정도의 물건은 아니라고 생각하는 것이다. 그런데 개인 간 매매에서 사는 사람만 불안한 것은 아니다. 파는 사람도 어떤 상대가 달려들지 몰라 불안하기는 매한

가지다.

이런 종류의 '팝니다' 광고의 메리트는 딱 한 가지뿐이다. 양측에 끼어드는 업자가 없으므로 중간 마진이 발생하지 않는 것이다. 파는 쪽은 비싸게 팔고, 사는 쪽은 싸게 살 수 있는 구조다. 그 외에는 모든 것이 단점이다. 그 단점들에 대해 자세히 알아보자.

❶ 분쟁 발생의 소지가 크다

개인 간 매매에는 필연적으로 트러블이 발생할 소지가 있다. 파는 쪽은 자동차의 결점을 굳이 말하지 않고, 사는 쪽은 결점을 간파할 능력이 부족하므로 사후에 문제가 생기는 것이다. 계약이 성사되어 인도가 끝난 후에는 말썽이 생겨도 이미 때는 늦었다. 아무도 책임지지 않는다.

최근 거래 건수가 급증한 당근마켓 중고차 직거래 페이지

❷ 애프터 서비스라는 것이 없다

중고차를 구입한 후에 상태가 안 좋은 부분을 발견해도 정비공장에 들어가는 것밖에 달리 방법이 없다. 정비공장에서 '사고 차'라는 말을 듣더라도 이의 제기를 할 데가 없다. 당연히 애프터 서비스도 없다.

❸ 할부 구매나 론이 불가능하다

서로 모르는 사람끼리는 현금과 현물을 교환하는 것이 원칙이다. 잔금은 월급 나오면 준다든가, 현물은 며칠 후에 건네겠다는 말을 들었다면 바로 도망가는 게 현명하다. 그리고 사는 사람은 반드시 수입인지가 붙은 영수증을 받아야 한다는 사실도 명심하자.

❹ 여러 절차가 성가시다

자동차라는 물건은 소유자가 이전하면 관할 구청에 신고해야 한다. 먼저 소유권 이전 등록을 해야 하고 보험의 명의 변경도 해야 한다. 이런 절차를 소홀히 했다가 만약 사고라도 나면 엄청난 화근이 된다. 이전 등록을 끝냈다 해도 당월 세금은 보통 전 소유자가 부담한다. '고작 1개월분'이라고 하지 말고 처음부터 어느 쪽이 부담할지 정해두는 것이 깔끔하다.

만약 관련 절차에 대해 쌍방이 잘 모른다면 괄할 구청 옆에 있는 대행사에 맡기는 것이 좋다. 물론 어느 정도 비용이 나가겠지만 절차를 깔끔하게 정리할 수 있다. 대행사에 위탁하는 비용도 어떻게 나눌지 미리 얘기해두자.

친구, 직장동료와 거래했을 때의 문제점

개인 간 매매는 망설이게 되지만, 그 개인이 친구라면 얘기가 달라진다. 친척, 직장동료, 지인도 마찬가지다. 친구로부터 차를 산다면 '팝니다' 광고보다 훨씬 메리트가 많다. 무엇보다 안심할 수 있다. 중고차를 사는 사람이나 파는 사람이나 업자가 하는 말을 반도 믿지 못한다. 속고 있는 게 아닌지 늘 불안하다. 하지만 친구라면 기본적으로 믿음을 깔고 간다. 그러나 장점만 있는 것은 아니다. 친구 간 거래에서 생기는 문제점에 대해 알아보자.

관계가 깨질 수 있다

친구란 믿음으로 맺어진 관계다. 그 사람에 대해서도 잘 알지만 그가 타던 자동차도 잘 안다. '어떤 사람이 탄 건지…'와 같은 쓸데없는 걱정을 안 해도 되니 좋다. 친구니까 살짝 스친 흠집에 대해서도 얘기했을 것이고 상태가 안 좋은 부분, 연비 등에 대해서도 상세히 밀했을 것이다. 그뿐 아니라 조수석에 여러 번 앉아 봤을 수도 있다. 이미 잘 아는 차이니만큼 왈가왈부할 것이 별로 없다. 단지 가격만 문제다.

친구 사이니까 싸게 팔아야 하는 걸까? 아니면 친구 사이니까 깎으면 안 되는 걸까? 생각하기에 따라 갈등의 불씨는 있다. 게다가 거래가 성사되자마자 파는 사람도 미처 몰랐던 트러블이 발생할 수 있다. 이러면 의심이 싹튼다. 업자에게 샀다면 욕이라도 시원하게 하겠지만, 친구 사이라면 관계 자체에 문제가 생긴다. 기껏 중고차 하나 때문에 친구 사이가 뒤틀릴 수도 있는 것이다.

가격을 정하기 어렵다

친구 사이의 거래에서 가장 문제가 되는 것은 '가격'이다. 왜 그럴까? 파는 사람이나 사는 사람이나 전문가가 아니므로, 적정 가격이라는 것에 합의하기 어렵기 때문이다.

친구 간의 거래에서 가격은 보통 어떻게 정해지는지 알아보자. 일단 함께 중고차 매매업체 몇 군데를 가봐서 연식과 주행거리, 손상 정도 등을 비교해 대략적인 가격을 정하려고 한다. 문제는 비슷한 물건처럼 보이는데 가격은 차이가 난다는 것이다. 같은 차종, 같은 연식, 같은 주행거리인데, 예를 들자면 800만 원부터 12,000만 원까지 차이가 나는 식이다. 차액 400만 원은 결코 적은 금액이 아니다. 중고 경차를 살 정도가 된다.

친구 사이의 거래이다 보니, 중간에 심판이 판정을 해줄 수도 없다. 그렇다고 반으로 뚝 잘라 1,000만 원에 하자니 둘 다 손해 보는 느낌이다. 친구 간이다 보니 말을 꺼내기도 어려워, 혼자 중고차 잡지를 뒤적이기도 한다. 그다음은 둘이서 대리점 영업소에 가서 중고차 담당자에게 물어본다. 대부분 이런 대화가 오간다.

"실제 물건을 보지 않고는 말씀드리기 어려운데요."

"그래도 대략적인 가격이 있지 않을까요?"

"표준가격이란 게 있긴 합니다만, 현물 없이는 의미가 없지요."

"그러면 그 표준가격이라도 좀 알려주세요."

"물건 상태가 중급이라면, 글쎄요 1,050만 원쯤?."

마지못해 담당자가 꺼낸 가격을 듣고 둘 다 안도감을 느낀다. 파는 친구는 기분 좋게 50만 원을 깎아주기로 하고, 사는 친구는 "안 그래도 되는데"라며 고마워한다.

이렇게 거래가 성사되었다. 지금까지는 해피 엔딩인 듯하다. 하지만 앞에서도 말했듯이 중고차를 판 사람이나 산 사람은 이상하게 자기 차와 비슷한 중고차 가격에 계속 관심을 갖는다. 어느 날 중고차를 판 친구는 자기 자동차가 1,100만 원 이상의 물건이었음을 알게 된다. 반대의 경우도 가능하다. 중고차를 산 친구는 자기가 산 차의 가격이 900만 원밖에 안 된다는 사실을 알게 되었다. 현실에서는 후자의 경우가 더 많다. 특히 연식이 오래된 물건일수록 그렇다.

기분이 나쁘지만 친구가 악의를 갖고 한 행동은 아니란 걸 누구보다 잘 안다. 누가 강요한 것도 아니다. 다만 '표준가격'이란 것을 잘못 이해했을 뿐이다. 중고차는 세상에 그것 한 대밖에 없는 물건이다. 표준가격, 평가가격, 대차가격, 이 3가지는 내용과 성격이 다르다는 것을 꼭 알아두자.

영업사원이
비공식적 거래를 제안했다면

대리점 영업사원은 자동차든 자동차 부품이나 용품이든 개인적으로 거래할 수 없다. 다시 말해 아르바이트를 할 수 없다. 그런데 현실에서는 이런 아르바이트 행위들을 심심찮게 볼 수 있다. 눈치 빠르고 수완 좋은 영업사원들은 본업보다 알바에 더 열을 올리기도 한다. 이는 분명 취업규칙에 저촉되는 행위이지만, 회사에 실질적 손해를 입히지 않을 정도라면 그냥 넘어가는 경우가 많다.

자세한 이야기를 할 수는 없지만, 필자 역시 모 대리점의 영업사원으로부터 솔깃한 제안을 받은 적이 있다. 영업사원들도 여러 타입이 있는데, 필자는 조용한 쪽을 선호한다. 계속 자기 얘기만 떠들고 자기 편에서만 얘기하는 사람보다 무뚝뚝하지만 안정감 있는 사람을 좋아하는 것이다. 물론 이것도 취향의 문제일 수 있다.

만약 잘 알지도 못하는 영업사원이 '진짜 괜찮은 물건이 있는데 비공식적으로 거래하자'라고 접근한다면 함정이 있을지도 모른다. 고객이 의뢰한 고장을 비공식 경로로 수리한 다음 이른바 호구를 찾아서 넘기는 것이다. 그런 패거리들의 먹잇감이 될 필요는 없지 않을까? 정말 신뢰할 만한 영업사원이 아니라면 귓속말로 건네는 달콤한 이야기에 넘어가지 말길 바란다.

영업사원의 아르바이트 행위는 어둠의 경로와 공식 경로의 중간쯤에 있다. 이런 경로로 물건을 살 때는 당연히 현금을 주어야 한다. 최고로 좋은 조건이라고 해 봤자 다음 보너스 때까지 기다려 주는 것 정도일 것이다.

자동차 평론가의 기사는
광고라 생각하라

서점의 자동차 코너에 가면 신차와 중고차, 국산차와 외제차, 레이스와 랠리, 그리고 정비에서 용품까지 전문적으로 다루는 잡지들이 널려 있다. 서점뿐만 아니라 편의점에도 다양한 잡지가 구비되어 있다. 엄청난 양의 기사가 쏟아지고 있는 셈이다.

그런데 이런 기사들은 대개 논점이 없는 단순 소개 기사와 해설 기사들이다. 특히 기자의 이름이 나오지 않는, 아마도 편집부가 쓴 기사들은 대부분 그렇다. 메이커들은 이러한 잡지의 광고주이기도 하므로 메이커를 날카롭게 비판하거나 결점을 파고드는 기사는 찾아보기 어렵다.

필자는 많은 기사 중에서도 '자동차 평론가'라는 직함을 가진 사람들이 쓰는 기사에 문제가 있다고 생각한다. 독자들은 은연중에 그들의 전

자동차 전문 잡지들

문성을 신뢰하기 때문이다. 필자의 친한 친구 S는 오랜 세월 제조사의 광고부에서 일했다. 그가 현역일 때 옆에서 지켜보면서 그 직업도 쉬운 게 아니라는 생각을 한 적이 있다.

제조사의 광고부 직원들은 인쇄매체나 전파매체에도 신경을 쓰지만, 자동차 평론가들을 집중적으로 관리한다. 자기 회사 차에 대해 좋게 써 달라는 게 아니라 나쁘게 쓰지 말아 달라는 차원에서다. S는 업계 전반에 발이 넓었는데 절대 상대의 기분을 거슬리는 언동을 하지 않았다. 매스컴 담당자와 자동차 평론가들의 영향력이 어느 정도인지 사무칠 정도로 잘 알고 있었던 것이다.

그들은 시승용이라는 딱지가 붙은 무상 대여하는 신형 자동차(주유비 포함)와 고급 식사, 식사 후의 2차와 3차 술자리, 거기다 간단한 선물과 택시비까지 제공받는다. 그렇게까지나 극진한 대접을 받고 쓰는 '신차 시승기'가 어떨지는 말할 필요도 없다. 제조사의 입김이 강하게 느껴지는 평론가들의 기사는 거꾸로 읽든지 아예 안 읽는 편이 낫다.

잡지의 기사 또한 한 줄 한 줄 믿음을 갖고 읽을 필요가 없다. 기사에 쓰인 내용보다 쓰이지 않은 부분에 의문을 품어야 한다는 뜻이다.

미끼상품에
낚이지 말자

요즘은 많이 줄었다지만 중고차 매매단지마다 불법 호객행위를 하는 사람들은 늘 있어 왔다. 좋은 차를 보여주겠다며 소비자를 끌고 다니다가 강압적인 분위기를 조성해 강제로 차를 떠넘기는 경우가 있다. 이런 업자들에게 중고차를 샀다면 추후 문제가 발생하더라도 어디 하소연할 곳이 없다. 또한 차 가격은 저렴하게 하면서 고액의 커미션을 요구하는 경우도 있어 오히려 더 비싼 값을 치르게 될 수 있으니 주의하자. 이 세상에 그렇게나 좋으면서 그렇게나 싼 차는 존재하지 않는다. 존재한다고 해도 그 물건이 나에게 올 확률은 로또와 비슷하다. 미끼상품에 속아서 허덕이지 않기 위해서는 다음 몇 가지를 명심하자.

허가업체의 정식 딜러를 찾아라

허가업체의 정식 딜러에게 차를 샀다면 설령 거래 과정에 문제가 있더라도 보상을 받을 수 있다. 또한 교부받은 성능점검기록부 내용과 실제 차 상태가 다를 때도 자동차관리법 시행규칙에 따라 구입 후 1개월 또는 주행거리 2,000㎞까지는 품질을 보증받을 수 있다. 성능기록부에 의한 보상의 주체는 매매업체가 아니라 중고차 점검 업체이다.

온라인 거래는 믿을 수 있는 사이트에서 하라

차에 대해 잘 모른다면 가능한 한 개인 간 직거래를 피하는 것이 좋다. 저렴하게 살 수 있는 것 이상으로 위험 부담이 크다. 반면 신뢰할 만한 사이트를 이용하면 크게 당할 일은 없다. 거래 시에는 차 상태에 대한 확인서를 별도로 받아두는 것이 좋다.

너무 저렴한 상품은 패스하라

인터넷 사이트를 보면 상태가 아주 좋은데 가격이 저렴한 차들이 있다. 십중팔구는 사고 차이거나 이미 판매가 끝났는데도 고객의 눈길을 끌기 위해 남겨둔 미끼상품이다. 매매업체나 중고차 딜러에게 연락하면

중고차 관련 분쟁 해결하기

중고차 관련해서 분쟁이 생기면 서로 얼굴을 붉히기보다는 소비자보호원 등 소비자보호단체와 정부기관 민원시스템을 이용하는 것이 현명하다.

① 건설교통부 민원실 *www.molit.go.kr*
자동차 결함, 자동차와 중고차 거래 관련 문제 등에 대해 질의와 민원을 제기하고, 행정당국으로부터 책임 있는 답변을 받을 수 있다.

② 소비자보호원 소비자상담실 *www.kca.go.kr*
기획재정부 산하 공익법인이 운영. 자동차 관련 피해 사례 및 구제, 피해 예방법 등을 알려주며 문제 해결을 의뢰할 수도 있다.

③ 대한법률구조공간 사이버상담실 *www.klac.or.kr*
공익단체로 자동차 관련 분쟁 해결을 위해 무료 법률상담 및 소송 대리 등의 서비스를 지원받을 수 있다.

일단 와서 보라고 하고, 막상 방문하면 그 차는 팔렸으니 다른 상품을 보라고 한다. 이런 경우라면 바로 나오라고 충고하고 싶다.

성능기록부를 과신하지 말라

매매업체에서 거래할 때 받는 성능기록부를 전적으로 믿어서는 안 된다. 주로 육안이나 간단한 장비로 검사하기 때문에 고의든 실수든 오류가 있을 수 있다. 성능기록부는 최소한의 법적 보호 장치라고 생각하고 보조적인 점검 수단을 찾아야 한다. 보험개발원의 카히스토리 (www.carhistory.or.kr) 사이트에서 보험·사고 여부를 확인해 보는 것도 좋은 방법이다. 5천 원 정도의 비용이 발생하지만 충분히 투자할 가치가 있다.

업계의 부정행위와
그것을 막는 시스템

중고차 품질보증기간은 1개월(또는 2,000㎞ 주행)이다. 속아서 샀더라도 매매 후 1개월이 지나는 순간 문제를 삼을 수 없었다. 그런데 2010년 공정거래위원회는 중고차를 구입한 소비자들의 불만이 늘어나는 것과 관련해 '중고차 구매 시 유의사항'을 발표했다. 즉 속아서 산 중고차는 1년 이내 환불이 가능하다는 것이다.

뒤집어보면, 이런 제도를 만들어야 될 정도로 업계가 불투명, 불공정했다는 얘기가 된다. 긴 안목으로 보면 이러한 부정행위는 스스로 무덤을 파는 것과 다름없다. '남들도 다 하는데 뭐'라고 생각하며 너나없이 하다 보니 부정행위에 대한 감각마저 무뎌졌고, 결국 정부가 칼을 빼 들었다.

예나 지금이나 중고차 업계의 대표적 부정행위는 주행거리 조작, 일명 '미터 되감기'다. 조작하는 기술도 점점 진화해서 초보자들이 알아채는 것은 거의 불가능하다. 최근 중고차 경매를 주관하는 대표 회사들이 되감기 방지를 위한 새로운 시스템을 가동하기로 했다고 한다. 이제 경매에 참여하는 회사가 내놓은 중고차 중 90% 이상이 시스템 망에 속해 있다. 예전처럼 업자에서 다른 업자로 손바꿈을 하는 과정에서 조작되는 문제는 방지할 수 있게 되었다.

하지만 시스템이 정비되었다고 조작이 100% 사라지는 것은 아니다. 이 외에도 사고 이력이나 대형 수리 이력은 숨기려고 작정만 하면 얼마든지 숨길 수 있다. 이런 것들도 투명하게 공개될 수 있도록 해당 관청과 업계가 시스템 개발을 진행하고 있다. 부정행위가 발각되면 환불받으면 그만이라고 생각해서는 안 된다. 중고차 시장의 규모가 신차 시장을 훌쩍 넘어섰다. 업계가 건전하게 발전하지 못한다면 중고차 산업 그 자체가 흔들리게 될 것이다.

차를 팔기만 할 거면
신차 대리점에 가지 말라

자신이 타던 차를 팔겠다고 신차 대리점에 가지고 가는 것은 눈 뜨고 손해 보는 행동이다. 잘 아는 영업사원이 있다는 이유로 이런 일을 벌였다간 나중에 크게 후회하게 된다. 그 대리점에서 신차를 사려고 하는 경우가 아닌, 순수하게 내 차를 팔기만 하겠다는 경우에 그렇다는 얘기다.

앞에서 설명했듯이 중고차의 평가가격은 진단평가 자격이 있는 사람이 규격화된 사정 기준에 따라 계산한다. 그렇다면 신차 대리점에 판다고 해서 특별히 불리할 것도 없지 않느냐는 반론을 할 수 있다. 그러나 확실히 불리하다. 왜 그런지 알아보자.

우선 협상의 여지가 전혀 없기 때문이다. 조금 더 융통성을 발휘해 달라고 부탁해봐도 귀찮아하는 눈빛만 돌아온다. '연식 얼마, 주행거리

얼마, 손상 정도 얼마, 그래서 가격은 얼마' 이렇게 정확하게 가격이 산출되고 봐주는 것 따위는 없다. 거의 관공서의 공무원 수준이다.

아무런 문제의식 없이, 몇십 년간 이런 패턴이 유지되어 왔다. 하지만 세상이 변하고 있다. 앞에서 신차 대리점이 신차를 파는 것만으로는 밥벌이를 할 수 없는 시대가 왔다고 밝힌 바 있다. '부품, 정비, 중고차'라는 세 발의 화살 없이는 대리점의 고정비용을 충당하기 어렵다. 대리점의 중고차 부문이 새겨들어야 할 내용이다.

그러니 아직까지는 내 차만 팔 생각이라면 신차 대리점에 가져가지 말자. 믿을 수 있는 매입 전문점이나 온라인 플랫폼을 이용하는 것이 현명하다.

대차매입의
착시효과

신차 대리점에 가서 내 차를 팔기만 하겠다고 하면, 대부분의 대리점이 건성으로 응대한다. 반면 전문업자는 어떻게든 매입하려는 일념으로 고객의 요구에 귀를 기울이고 가점도 해준다. 전문업자 역시 만 원이라도 더 싸게 매입하고 싶지만, 신차 대리점처럼 '싫으면 말든지' 같은 태도를 보이지 않는다.

그런데 신차를 사면서 내 차를 중고차로 파는 대차의 경우라면 상황이 급반전된다. 신차 대리점에 가서 타던 차를 팔고 신차를 사겠다고 해보자. 중고차 매입 담당을 밀어제치고 신차 과장이 나설 것이다.

좀 전에 중고차 매입 담당이 분명히 500만 원이라고 했는데, 신차 과장이 갑자기 600만 원을 주겠다고 한다. 고객이 의아해하며 진짜 평가

금액이 얼마냐고 물으면 '400만 원 정도, 후하게 봐도 450만 원쯤'이라고 속삭인다. 이쯤 되면 고객도 알아듣는다. 신차 가격에서 150만 원 혹은 200만 원 할인해 주겠다는 의미를. 이번엔 고객이 말한다. 다른 메이커에서 이 정도 등급의 신차라면 300만 원은 할인해 준다고.

이 거래에서 중고차 매입 담당은 별 존재감이 없다. 어느 틈엔가 자리를 떠나고 없다. 신차 과장이 어쩔 수 없다는 표정을 지으며 '그러면 100만 원 더해서 700만 원에 하시죠'라고 말한다. 대부분의 대차매입 거래는 이런 식으로 이루어진다. 고객과 대리점 모두 연기를 하고 있는 셈이다. 기본적으로 불신이 자리하고 있다.

그렇다면 고객 입장에서 가장 이익을 볼 수 있는 거래 방법은 무엇일까? 적어도 대차매입은 아니다. 대리점이 사정한 내 차 가격이 400~450만 원이니, 일단 500만 원 정도에 매입해줄 전문점을 찾아 차를 팔자. 그리고 빈손으로 신차를 사러 가자. 그 지역에서 그 급의 신차가 300만 원 할인이 시세라고 한다면, 반드시 300만 원 이상 할인해서 팔고 있는 대리점이 있을 것이다. 조금 귀찮긴 하지만 100만 원 이상 이득을 볼 수 있는 기회가 생긴다.

그런데 왜 대리점은 처음부터 신차를 할인해 준다고 하지 않고 중고차 매입 가격을 올려준다고 하는 걸까? 아마도 신차 할인보다 중고차 가격을 올려주는 것이 이익을 보는 듯한 착시현상을 불러일으키기 때문일 것이다.

내가 타던 차는
어디에 팔아야 할까?

여기까지 읽었다면 신차 대리점이 결코 좋은 거래처가 아님을 이해했을 것이다. 그렇다면 내가 타던 차를 어디에 팔아야 할까? 우선 중고차 온라인 플랫폼을 이용할 수 있다. 엔카, K카, KB차차차 등에서 중고차를 살 수도 있지만 내 차를 다양한 방식으로 팔 수 있다. 특히 중고차 매입 전문 플랫폼을 표방한 헤이딜러 등이 최근 인기를 모으고 있다.

다음이 오프라인 중고차 매입처인데 크게 4개 유형으로 구분된다. 자신에게 맞는 곳을 선택하는 것이 높게 평가받는 요령이다.

매매상사의 매입 부문

뭐니 뭐니 해도 이곳의 강점은 매입한 물건을 바로 진열해서 바로 팔아 치운다는 점이다. 그들은 곧바로 팔 수 있는 물건인지 아닌지 99% 정확하게 판단한다. 곧바로 팔린다는 것은 두 가지 조건이 충족되었다는 것이다. 첫째 물건의 상태가 양호할 것, 둘째 인기 차종일 것.

이 두 가지 조건만 갖췄다면 대리점 따위보다 훨씬 좋은 조건으로 매입해준다. 속전속결이다. 반대로, 연식에 맞지 않게 지저분하거나 여기저기 상처투성이라든가 인기 없는 차종이라면 엄격하게 평가할 수밖에 없다. 그런 물건은 장기 재고가 될 우려가 있으므로, 신차 대리점 수준의 가격을 제시할 수도 있다.

중고차 매입 전문점

여기서는 물건을 매입한 후 대부분을 경매에 붙인다. 업자 간(B2B) 매매의 전문가라는 뜻이다. 경매의 특성상 대부분의 물건을 매입해준다. 그러나 여기서도 경매에 붙여 주목을 끌 만한 좋은 물건은 평가 기준을 넘어 호기 있게 돈을 쓰지만, 상태가 나쁜 물건은 그렇게 해줄 수 없다. 좋은 물건은 비싸면서 손이 쉽고, 나쁜 물건은 싸면서 손바꿈이 어려운 것은 진리가 아닐까 한다.

다만, 이런 전문점에는 독자적인 평가 방법이 있으므로 단순하게 연식과 주행거리만으로 단정해버리지 않는다. 자신의 차 상태에 자신이 있는 사람이라면 망설이지 말고 중고차 매입 전문점의 문을 두드리길 권한다. 단, 반드시 몇 군데 방문해서 비교해봐야 한다.

특수 차, 외제차 전문 매입점

대리점에서나 전문 매입점에서나 떨떠름해하는 차가 있다. 바로 개조한 차, 과하게 드레스업한 차가 그렇다. 일반적인 평가 기준으로는 감점에 감점이 되는 상황이지만, 이런 특수한 차량을 주특기로 하는 전문점이라면 거꾸로 프리미엄이 붙을 수도 있다. 끼리끼리 모인다는 속담도 있지 않은가? 일반인이 보기엔 이상한데, 먼 곳에서 달려와 탐나 죽겠다는 표정으로 바라보는 부류도 있다. 이런 특수한 차를 대상으로 하는 틈새시장도 형성되어 있다는 사실을 알아두자.

또한 외제차를 전문으로 매입하는 곳도 있다. 그중에도 업자만 상대하는 곳, 업자와 개인을 모두 상대하는 곳, 독일 차만 취급하는 곳, 미국 차만 취급하는 곳 등 특기 분야를 내세우기도 한다. 더 세분화해서 벤츠 전문, 아우디 전문처럼 메이커의 색깔을 강하게 어필하는 곳도 있다.

비인기 차종,
잘 파는 방법

만약 여러분이 비인기 차종을 갖고 있다고 해보자. 처음 차를 샀을 때는 나중에 중고차로 팔 생각은 전혀 안 했겠지만, 막상 그 차를 처분할 시점이 되면 얼마나 받을 수 있을지 궁금해진다. 어차피 인기 없는 차종이니 많이 받긴 글렀다고 포기할 필요는 없다. 비인기 차종이어서 살 때는 할인을 많이 받고, 팔 때도 높은 가격에 팔 수 있다면 금상첨화일 것이다. 물론 그러려면 다음의 3가지 조건을 갖춰야 한다.

❶ 주행거리 10,000㎞ 미만

연간 1만 킬로미터 이상 주행한 자동차와 그렇지 않는 자동차의 가치는 천양지차이다. 특히 3년에서 5년까지 물건인데 연간 주행거리가 1만

비인기 차종이라면 더욱더 리세일 밸류를 생각해야 한다.

킬로미터를 넘었다면 가격은 가파르게 떨어진다.

❷ 고급 차라면 높은 등급

같은 형식의 자동차라도 등급이 높을수록 높게 평가된다. 살 때부터 비쌌기 때문에 당연한 얘기라고 생각할 수도 있지만, 특히 고급 차일수록 그런 경향이 현저히 나타난다는 점을 알아두자.

❸ 옵션 등 리세일 밸류(잔존가치)

최근 인기 옵션은 당연 내비게이션이다. 내비게이션의 유무에 따라 가격 차이가 난다. ABS 등 안전과 관련된 옵션도 중요하다. 또한 일반적인 세단이라면 AT, 스포츠카나 스포티카라면 MT여야 한다. 만약 반대라면 그것만으로도 평가가 낮아진다. 스포티한 기분을 맛보려는데 AT는 말도 안 된다. 바디 색상이 지나치게 눈에 띄는 것은 감점 요인이다. 신차 구입 시에 적어도 이 정도는 염두에 둬야 팔 때 손해 보지 않는다.

'무료 출장 매입'은
진짜 무료일까?

　중고차 전문 잡지에 자주 등장하는 문구가 '고가 매입, 전국 어디든 무료 출장 매입, 현장에서 현금 지급' 등이다. 그중에는 전화 한 통이면 바로 직원이 찾아와서 매입한다는 곳도 있다.

　지방에 사는 필자의 지인이 3년 된 중고차를 팔기 위해 잡지에 실린 '무료 출장 매입 서비스'를 의뢰했다. 지역에 있는 두세 군데 업체에 연락했는데, 자신이 팔 차가 외제차라고 하자 갑자기 태도가 미온적으로 바뀌었다고 한다. 아무래도 외제차 평가에 자신이 없어 보인다는 것이 지인의 말이었다.

　사실이 그렇다. 의외로 외제차를 달가와하지 않는 업자들이 많다. 외제차에 대한 지식이 부족해서 정확하게 평가하지 못한다면 고스란히 손해로 돌아오기 때문이다. 중고차를 파는 사람만큼 사는 사람도 불안감을 갖고 있다.

지인은 '외제차 전문 매입'이라고 광고하고 있는 서울 업체에 다시 전화를 걸었다. 광고 문구처럼 당일은 아니었지만 바로 다음날 진단평가사 겸 영업사원이 찾아왔다. '외제차에 강하다'라고 광고한 만큼 설명과 평가가 전문적이었다. 그런데 그 설명이란 것이 모조리 결점만 캐내는 것이란 게 문제였다. 마치 트집 잡으러 온 사람 같았다고 한다.

영업사원이 최종 제시한 금액은 지인의 예상과 너무나 동떨어진 수준이었다고 한다. 지역의 업자 하나가 부른 가격보다도 낮았다. 지인이 난감한 표정을 짓자, 영업사원은 가격을 조금 더 올려 불렀다. 지인은 "미안하지만 다시 생각해봐야겠네요"라고 말했다. 그러자 영업사원의 표정이 험악해지더니 "서울에서 여기까지 몇 시간이나 걸려서 왔는데 이러시면 안 되죠"라고 했다는 것이다. 기가 약한 사람이라면 떠밀려

박병일 명장의 중고차 알짜 정보

중고차 판매 시 필요한 서류 6종

① 인감도장　　　　　　　　② 인감증명서(발행 3개월 이내의 것)
③ 주민등록증　　　　　　　④ 자동차검사증
⑤ 자동차손해배상책임보험증　⑥ 자동차세 납입 증명서

서 원치 않는 거래를 할 수도 있었다.

　그러니 가능하면 출장 매입보다는 본인이 직접 차를 가지고 가도록 하자. 가격이 절충되지 않을 경우, 그냥 돌아오면 그만이기 때문이다. 굳이 '출장 매입'을 이용할 생각이라면, 먼저 차를 깨끗하게 청소해 놓자. 그래야 조금이라도 견적을 좋게 받을 수 있다. 그리고 필요한 서류를 미리 준비해두면 편리하다.

대포차는 매수자, 매도자 모두 처벌 대상

대포차란 정상적인 명의이전 절차를 거치지 않고 무단으로 점유, 또는 거래되어 자동차 등록원부상의 소유주와 실제 차량의 운행자가 다른 차를 말한다. 그렇다면 대포차라는 것이 왜 생기는지부터 알아보자.

대포차는 크게 법인 대포차와 개인 대포차로 구분된다. 법인 대포차는 회사 관계자나 채권자가 법인 명의의 차를 무단으로 중고차 업체나 개인에게 팔았을 경우, 또는 차를 판매한 후 부도가 나서 매수자에게 이전 서류를 주지 못하는 경우에 만들어진다.

개인 대포차는 차량의 과태료나 세금 등이 연체되어 그 비용이 차 가격과 비슷해졌을 때 시세보다 싸게 팔아버리는 경우, 차를 담보로 사채를 쓰다가 사채업자가 팔아버리는 경우에 발생한다.

대포차는 소유주가 따로 있으므로 세금, 과태료, 보험료를 내지 않아도 된다. 원부상 소유주에게 모든 책임을 묻지만, 소유주인 기업이나 개인은 이미 책임을 감당할 수 없게 된 상태다. 이런 대포차를 사더라도 원 소유주가 존재하므로 소유권을 주장할 수 없다. 만약 도난을 당하거나 불법 주차 등으로 견인된다면 차를 되찾을 길이 없다. 게다가 사고나 검문으로 대포차란 사실이 밝혀진다면 판 사람과 산 사람 모두 처벌받게 되므로 절대 가까이해서는 안 된다.

대포차는 운전자의 신분을 확인하기 어렵고 적발되더라도 번호판만 빼앗기는 것으로 끝나기 때문에 동일한 중고차보다 10~50% 높은 가격에 판매된다. 반면 차를 회수당할 공산이 크거나 위조 번호판을 달고 있는 차들은 헐값에 팔린다.

CHAPTER 07

알아두면
쓸모 있는
중고차 상식

중고차 박람회를
노려라

미국에서는 11월 추수감사절 다음날부터 연중 가장 큰 규모의 할인 행사가 열린다. 바로 블랙 프라이데이다. 과연 중고차에도 연중 가장 낮은 금액으로 살 수 있는 시기가 있을까? 당연히 있다.

다만 중고차 업체는 '폭탄세일'이나 '핵딜' 같은 자극적이고 저렴한 표현을 쓰지 않는다. 자동차 메이커들은 천문학적 광고·홍보비를 투입하는만큼 광고와 홍보 전략이 탁월하다. 그들은 '중고차 바겐세일' 대신 대부분 '중고차 페어(박람회)'라고 부른다. 메이커 계열이 펼치는 중고차 페어는 결산 월 전후에 열린다. 즉 상반기를 결산하는 9월, 그리고 전년을 결산하는 3월경이다.

지금부터 신차와 중고차로 나눠서 결산 월에 벌어지는 상황을 살펴보자. 결산 월이 다가오면 각 제조사는 엄청난 매출 드라이브를 건다. 수능을 앞두고 벼락치기 공부하는 수험생과 비슷하다. 그러다 보니 9월과 3월에는 신차 등록 대수가 급증한다. 업계 밖에서 보면 고개가 갸웃거려지는 현상이지만, 수십 년 이어져온 관행이다 보니 그들에겐 연례행사일 뿐이다.

그렇다면 이런 현상이 중고차에 어떤 영향을 미치는지 알아보자. 신고차는 가외로 하더라도, 어떤 메이커가 결산 월에 신차를 10만 대 팔았다면 9만 대 정도를 대차매입했다는 말이 된다. 이 많은 물량을 어떻게 처리할지를 놓고 회사는 머리를 싸맨다. 금리 부담, 재고 부담을 생각한다면 할인 폭을 키워서라도 빨리 팔아치우는 것이 최선이다. 그래서 각 대리점은 'ㅇㅇ 페어'와 같은 형태의 판매 캠페인에 나서는 것이다.

이러한 이벤트는 구매자들이 보너스를 받는 시기에 맞추는 경향이 있다. 가성비 좋은 물건을 고르고 싶다면 결산 월 이후에 실시되는 페어에 가보자. 물량이 많으니 좋은 물건을 싸게 살 확률도 높아진다.

메이커 보증 수입 중고차 박람회는
대박 찬스

얼마 전 'BMW 인증 중고차 페어'에 가본 적이 있다. '달려서 앞지르는 즐거움, BMW'라는 슬로건을 걸고 한 자리에 160대가 전시된 큰 행사였다. 이 페어의 최대 관심거리는 BMW가 인증한 중고차라는 데 있었다. 이른바 '안심 보증'이다

무엇보다 한 자리에 집결한 BMW에 모두가 시선을 빼앗겼다. 페어에 전시된 중고차들은 '거리 무제한 보증'을 시작으로 갖가지 특전이 붙어 있었다. 출고 전에 배터리와 오일 등 14가지 품목을 신품으로 교환했고, 모든 부품은 순정품이고, 모든 전시차는 170개 항목의 점검을 마쳤다는 것이다.

일단 규모도 상당했지만 그보다 저연식·고연식에 상관없이 BMW

250

정식 대리점이 보증하는 물건들만 모여 있다는 느낌이 특별했다.

수입 중고차를 찾는 사람이라면 관심 있는 메이커의 페어에 가보길 강력히 추천한다. 클래스, 사양, 바디 색상, 연식, 가격 등 자신이 원하는 조건에 맞는 물건을 발견할 좋은 기회다. 또한 해당 메이커의 다양한 물건을 구경할 수 있다는 장점도 있다. 이런 수입 중고차 박람회에서 인기 자동차는 구입 희망자가 쇄도해서 추첨을 하기도 한다.

국산 메이커들도 이러한 페어를 하고 있다. 일단 '페어'라는 행사명을 건다는 것은 물량이 풍부하다는 뜻이다. 게다가 수상쩍은 물건이 섞여 있지 않아 안심할 수 있다. 꼭 사지 않더라도 가족과 함께 축제에 간다는 생각으로 가보자. 평소에 중고차에 대한 안목을 기르는 데도 페어가 딱이다.

인기 많은 신차는
딱 1년만 기다리자

자동차의 어떤 모델이 출시되고 4년이 지나면, 메이커들은 슬슬 모델 체인지를 준비하는 듯하다. 전문 잡지에 특집 형식으로 차기 모델에 대한 예측성 기사가 쏟아진다. 일종의 사전 광고(프리 캠페인)인 셈이다. 특히 인기 차종일수록 메이커는 분위기를 끌어올리려고 애쓴다. 메이커와 미디어가 손잡고 소비자의 구매 욕구를 부추기는 것이다.

마침내 신모델이 발매되고 대리점 전면에 전시된다. 메이커는 수십억, 어쩌면 수백억 단위의 비용을 투입해 광고 · 홍보에 나선다. 인기 많은 차종이라면 대리점의 목이 뻣뻣해진다. 고객이 조금 더 좋은 조건을 요구하면 '더 이상 할인은 어렵습니다. 그리고 물량이 밀려서 6개월 정도 기다려 주셔야 합니다'라고 말하기도 한다.

인기 모델이 출시되면 메이커와 대리점이 '갑'이 되는 것이다. 그러니 인기 높은 자동차를 원한다면 꼭 참고 출시 후 1년만 기다리자. 1년이 지나면 서서히 할인해 주는 것이 당연시된다. 주문 후 1주일 만에 출고된다는 것은 메이커에도 슬슬 재고가 쌓이기 시작했다는 방증이다.

이보다 획기적으로 좋은 조건에 사는 방법도 있다. 1년 된 중고차를 찾는 것이다. 주행거리 8,000㎞ 이내에 깨끗한 외관의 차를 찾자. 찾아내는 데 고생은 하겠지만 절대 없지는 않다. 신차가 3,000만 원이라면 1년 된 중고차는 2,000만 원 근처에서 살 수 있다. 1년 기다려서 1,000만 원 이득을 본다는 계산이 된다. 평범한 직장인에게 1,000만 원은 결코 적은 금액이 아니다.

필자는 만드는 대로 팔리는 인기 차종 신차를 사는 것은 손해라고 생각한다. 꼭 타고 싶다면 1년 기다려서 사거나, 1년 된 중고차를 찾을 것을 추천한다.

만약 신차를 사서 고물이 될 때까지 타겠다는 생각이라면 인기 없는 차종 중에서 할인 폭이 큰 물건을 선택하자. 리세일 밸류(잔존 가치)를 생각하지 않아도 되므로 그야말로 현명한 소비라 할 수 있다.

버블 시대의 중고차 중에는
의외의 물건이 있다

오래전 BMW 520이 이상할 정도로 많이 팔렸던 시절이 있었다. 중형차가 들어갈 차고밖에 없는 사람까지 BMW를 사기 위해 달려갔다. 오죽했으면 'BMW 현상'이라고 불렀을까. BMW뿐만 아니라 6,000~7,000만 원을 호가하는 고급 차들이 척척 팔렸다. 부동산 가격이 급등하고 주가도 우상향하니, 사람들은 가만히 앉아서도 자산이 불어나 부자가 된 듯한 기분에 빠졌다.

자동차의 성능이나 기본 콘셉트와는 관계없는 사치 사양이 들어가기 시작한 것도 이때부터다. 전문가의 눈으로 보면 쓸데없는 것들이지만 메이커 입장에서는 그편이 잘 팔리니 하지 않을 이유가 없다. 일종의 눈속임이다. 예를 들어 금빛 휘황한 엠블럼을 붙이면 자동차 자체가 고급

한국에서 최고의 인기를 누리는 베스트셀링 카, BMW 520

스러워 보인다.

지금 그 시대의 자동차들이 대량으로 중고차 시장에 흘러들어오고 있다. 어쨌든 돈을 많이 들여 만든 차들이다. 10년 근처의 물건 중에는 아직 쓸만한 중고차들이 얼마든지 있다. 10년이 지났더라도 잘 고르면 괜찮은 물건을 만날 수 있다. 버블 시대의 자동차들은 퀄리티가 담보되어 있기 때문이다. 필자가 중고차의 미래가 밝다고 말하는 이유 중에는 이러한 시장 흐름도 포함되어 있다.

레트로풍 중고차 가격이
그저 그런 이유

인간은 오래된 물건, 옛것에 대해 아련한 그리움을 느끼는 존재다. 독일의 폭스바겐은 한 세기를 풍미한 비틀을 복원하려고 하고 있고, 프랑스의 르노도 비슷한 움직임을 보이고 있다. 우리나라에는 일대 돌풍을 일으킨 '그랜저'가 있다. 필자는 대한민국 레트로풍 1호 자동차는 그랜저라고 생각한다.

그렇다면 지금 중고차 시장에서 개성 넘치는 레트로 자동차들이 높은 가격에 평가받고 있을까? 매매상사 몇 곳을 둘러보니 "상태가 좋으면 감가상각율과 상관없이 비싸게 받을 수 있습니다. 일반 세단보다 약간 더 받는 정도일 겁니다'라고 말한다. 아마 중고차로 팔 때 꽤 많이 받을 수 있으리라 기대했던 사람들은 실망할 수준일 것이다.

레트로풍 유행을 타고 전기차로 출시된 클래식 미니

레트로 바람이 쉽게 식을 것 같지 않다는 의미에서, 레트로풍 자동차가 하나의 시장을 형성할 수도 있겠다. 다만, 레트로는 클래식과 다르다는 점은 말해두고 싶다. 다수의 레트로 자동차는 생김새만 레트로라는 뜻이다. 가짜라고까지는 할 수 없지만 진짜 클래식카는 아니다. 그렇다고 진짜가 좋다는 얘기가 아니다. 일반인이라면 클래식카를 사기도 힘들고 끌고 다니기도 힘들기 때문이다.

경차에도 레트로풍 자동차들이 많이 등장해 특히 젊은 여성들에게 인기를 모으고 있다. 그런데 현재의 경차 기준은 2003년 제정된 것이어서, 기준을 완화하자는 목소리가 크다. 유럽 기준과 달라서 유럽 경차가 한국에 오면 경차가 아닌 게 되고, 한국인의 체격 변화라는 이슈도 있다. 만약 경차 기준이 한 단계 커진다면, 이전 모델들이 중고차로 나올 경우 가격이 떨어질 가능성이 크다.

5년 후에
비싸게 팔릴 차는?

솔직히 5년 후에 어떤 자동차가 인기 차종이 될지는 알기 어렵다. 전문가라면 어느 정도 예상을 하겠지만 예상이 빗나가는 일도 비일비재하다. 시대는 급변하고 기술은 진보한다.

2024년 상반기 기준으로 쏘렌토가 국산 차 판매 1위를 기록했다. 3위가 스포티지, 4위가 산타페, 7위가 셀토스로 SUV의 기세가 대단하다. 10년 전, 5년 전에 그 누구도 SUV가 세단의 영역을 침범할 것이라 예상하지 못했을 것이다. 그렇다면 지금으로부터 5년 후에도 SUV가 인기가 있을까? 이것도 맞추기 어려운 문제다. 너나 할 것 없이 SUV를 타는데 필자는 사실 어떤 메리트가 있는지 잘 모르겠다. 쓸데없이 크고 무거운 SUV에 대한 인기는 서서히 꺼지지 않을까 싶지만, 세상일은 알 수 없으니 단정하기 어렵다.

소비자는 변덕이 심하다. 옆집이 사면 우리 집도 사야 할 것 같다. 유행은 감염병과 비슷하다고 했던가. SUV를 타는 사람들에게 왜 SUV를 타냐고 물으면 명확한 대답을 하지 못한다. 기껏해야 '시야가 좋아서' 정도다. 그런데 SUV의 즐거움을 제대로 누리지 못한다면 유지 비용이 아깝게 느껴진다. 경제 사정이 나아질 기미가 안 보이는데 연료를 빨아들이는 SUV가 예쁘게 보일 리 없다. 환경에도 결코 좋다고 할 수 없다. 필자의 판단으로는 5년 후 SUV 중고차의 운명은 담보하기 어렵다.

자동차 메이커들은 치열한 기술 경쟁을 벌이고 있다. 하이브리드, 전기차, 압축 천연가스차 등 무엇이 시장을 장악할지 모르지만, 지금 상태가 유지되지는 않으리란 사실만은 확실하다. 5년 후의 리세일 밸류(잔존 가치)를 생각하면서 신차를 구입하려면 상식에 충실하면 된다. 유행이 어떻게 흘러가든 변치 않는 가치에 집중하는 것이다.

2024년 상반기 국산 차 판매량 1위를 기록한 중형 SUV, 쏘렌토

❶ ABS와 전 좌석 에어백

앞으로는 더욱더 신차에 이런 옵션들을 장착하는 것이 상식이 될 것이다. 특히 이러한 옵션이 출고 때부터 장착된 물건이라면 더 좋다. 현재의 기준으로 '환경'은 돈이 되지 않지만 '안전'은 돈이 된다. 메이커 옵션으로 인기가 높은 것 중 하나가 '선루프'다. 선루프는 신차 구입 시의 옵션 가격과 비슷할 정도로 높게 평가된다는 점도 알아두자.

❷ 과하지 않은 드레스업

요즘 크게 유행하고 있는 액세서리 중에 '에어로 파츠'가 있는데, 5년 후에도 계속 인기가 있을지는 의문이다. 에어로 파츠는 처음에 자동차 광들 사이에서 유행했는데 최근엔 젊은 여성 드라이버들도 마음을 빼앗긴 듯하다. 이것 역시 메이커의 순정품이 높이 평가받는다.

다만, 그 자동차와 어울리지 않는 액세서리 파츠를 장착했다면 오히려 감점 요인이다. 자동차는 저마다 개성을 가지고 있다. 전혀 어울리지 않거나 전체 밸런스를 깨뜨리는 액세서리는 하지 않는 편이 좋다.

❸ 무난한 컬러

세단에 어울리는 자동차 컬러는 무엇일까? 대형 세단 다르고 중형 세단이 다를 것이다. 세단이 아닌 스포츠 타입이라면 또 얘기가 달라진다. 이렇게 자동차의 바디 컬러는 자동차의 타입, 사양, 등급에 맞아야 한다. 그런데 이런 것을 넘어선 원칙이 하나 있다. 우리나라 사람들은 튀는 것을 좋아하지 않는다는 것이다.

RV와 SUV의 차이

원래 의미로는 RV가 상위 개념이어서 RV 안에 SUV가 포함되지만, 우리나라에서는 두 용어를 구분하지 않고 사용하는 경우가 많다. 북미에서는 RV가 캠핑카를 의미한다.

- RV *Recreation Utility Vehicle*는 레저용 차량을 말한다. RV에 SUV, CUV, 미니밴 등이 포함된다. RV의 특징은 높은 공간활용도, 넓은 적재공간과 높은 전고이다.
- SUV *Sport Utility Vehicle*는 RV의 특징에 역동적 주행, 뛰어난 가속력이란 요소가 추가된 사륜구동 차량이다. 산악지형, 비포장도로 등 험로 주행을 위해 지상고를 높여서 시야 확보에도 유리하다.

좋은 차를 사려면
사진보다 제원표를 봐라

상품 카탈로그 중에서 자동차 카탈로그만큼 돈과 공을 들이는 물건이 있을까 싶다. 대부분의 사람들은 카탈로그를 사진 위주로 본다. 화려한 도시와 자연을 배경으로 한 사진은 멋있고, 테스트 코스를 질주하는 스포츠카는 더없이 매력적이다. 온갖 미사여구를 동원한 광고 문안도 마음을 흔든다.

그런데 소비자 입장에서 중요한 것은 그런 사진들이 아니라, 카탈로그 맨 뒤에 있는 '주요장비일람표'와 '주요제원표'다. 하지만 십중팔구는 작은 글씨와 숫자로 이루어진 그 정보들을 눈여겨보지 않는다. 봐도 이해되지 않기 때문이다. 제원표를 전부 이해하란 말은 아니다. 신차를 사든 중고차를 사든 차에 대한 기본 지식은 갖고 있어야 한다는 것이다.

지금부터 제원표에서 꼭 봐야 할 것들을 알려주겠다.

꼭 알아야 할 '휠베이스'와 '최저지상고'

자동차의 외관 치수를 나타내는 것이 '전장, 전폭, 전고'인데 각각 '전체 길이, 전체 폭, 전체 높이'를 말한다. 자동차를 샀는데 차고에 들어가지 않았다는 것이 우스갯소리만은 아니다. 사람들이 의외로 간과하는 부분이 이 '치수'다.

다음으로 '휠베이스'는 앞바퀴 축과 뒤바퀴 축 사이의 거리이다. '전후륜 축간거리'라고도 한다. 일반적으로 휠베이스가 길수록 승차감이 좋다. 반면 '트레드'는 좌우 타이어의 중심에서 중심까지의 거리다.

'최저지상고'는 자동차 본체가 지면과 가장 가까운 부분의 높이다. 요즘 자동차에는 하부 커버가 있지만, 예전에는 오일팬이나 트랜스미션, 머플러가 긁혀서 문제가 생기는 일이 많았다. 커버가 있다고 안심하지 말고, 자기 차의 최저지상고쯤은 머리에 넣어두는 편이 좋다.

가벼울수록 좋은 '차량 중량'

'차량 중량'이란 속이 빈 상태의 무게를 말한다. 동급 자동차와 비교해서 가벼운 것을 선택하는 것이 좋다. 자동차를 얼마나 가볍게 만드느냐는 메이커의 일대 과제이기도 하다. 견고성과 내구성만 떨어지지 않는다면 자동차는 가벼울수록 좋다. 무엇보다 연비 면에서 그렇다. 한편 '차량 총중량'은 '차량 중량'에 정원 5명의 체중을 더한 것이다. 우리나라 자동차 법규상 한 사람의 체중은 65킬로그램으로 본다.

조작성을 나타내는 '최소회전반경'

기능을 나타내는 항목 중에 '최소회전반경'이란 것이 있다. 5미터 근처의 숫자가 적혀 있을 것이다. 이것은 핸들을 끝까지 돌려서 자동차가 한 바퀴 도는 데 반경이 얼마나 필요할까를 나타내는 수치다. 물론 숫자가 작은 것이 좋다. 이 수치는 앞에서 말한 휠베이스 또는 트레드와 관계있는데, 작게 돌 수 있는 자동차일수록 조작하기 쉬운 것이다.

숫자에 속으면 안 되는 '연료소모율'

연료소모율이란 1리터의 연료로 몇 킬로미터를 주행할 수 있느냐를 표시한 것이다. 다만, 이 숫자를 액면 그대로 받아들여서는 안 된다. 연료소모율이 22.4㎞라고 해서, 1리터로 22.4㎞를 달릴 수 있는 것이 아니기 때문이다. 실제로 운전자들은 카탈로그에 나온 수치의 절반만 달려줘도 좋겠다고 불평한다.

메이커가 신고한 이 수치는 최상의 도로 조건에서 최상의 주행을 했을 때 나온 연비라고 이해하면 된다. 모든 메이커들이 최상의 연비를 기재하고 있으므로 다른 자동차와 상대적 비교를 할 때만 유용하다.

최대출력과 최대토크

실린더의 수와 총배기량을 모르는 사람은 없을 것이다. 문제는 엔진의 성능곡선인데 일반인이 이것을 이해하기는 어렵다. 그렇다면 적어도 최고출력과 최대토크 정도는 알아두면 좋겠다.

우선 최고출력은 자동차가 낼 수 있는 최대한의 힘을 말한다. 엔진에 최대 부하가 걸렸을 때, 즉 엑셀을 끝까지 밟아 스로틀밸브가 완전히 열린 상태에서 발휘되는 힘이다. 최고출력이 180PS/8,000rpm이라고 되어 있다면, 그 차가 낼 수 있는 최대한의 힘은 180마력인데, 그때 엔진은 분당 8,000회 회전한다는 뜻이다.

한편 최대토크는 엔진의 회전력(크랭크샤프트를 회전시키는 힘)이 가장 클 때를 말한다. 최대토크가 19.9kgm/6,000rpm이라면, 자동차 엔진이 분당 6,000회 회전할 때 최대한의 토크가 발휘된다는 것이다.

최고출력이 크면 힘이 좋아 속도를 낼 수 있고, 최대토크가 크면 가속 성능과 연비가 좋다고 이해하면 된다.

예산은 자동차 가격 플러스 400~500만 원

자동차는 돈 먹는 하마다. 차고 안에 넣어 두는 데만도 상당한 비용이 든다. 예상보다 너무 많은 돈이 나간다고 불평하는 사람들이 있는데, 정확히 말하자면 당초 예상을 잘못한 것이다.

누구나 좋은 차를 갖고 싶어 한다. 기왕 사는 거 내 맘에 꼭 드는 자동차를 사고 싶다. 그런 차를 발견한 순간, 예산을 초과하더라도 그쯤은 감수할 수 있다고 용기가 생긴다. 모닝 사러 갔다가 롤스로이스 산다는 말이 괜히 나온 것이 아니다.

하지만 자동차는 자동차를 사는 비용 외에 나가야 할 돈이 산더미처럼 많다. 자동차배상책임보험, 자동차세, 수수료 등의 등록비용, 차량검사가 필요하다면 그 비용과 임의보험 가입비용도 있다. 연료비와 오일 교체비는 물론 수리 비용이 언제 들어갈지 모른다. 아무래도 중고차는 입수 초기에 트러블이 꽤 있다.

자신의 가용자금을 탈탈 털어 중고차를 산다면 다음은 어떤 일이 벌어질지 모른다. 눈떠보니 카푸어가 되어 있을 수도 있다. 자동차의 경우, 할부금을 완전히 변제할 때까지는 소유권이 유보된 상태란 것을 잊지 말자. 돈을 갚지 않아 차를 가져간다 해도 할 말이 없다.

자동차 예산별 구입 요령

❶ 700만 원 이하

초보 운전자, 세컨드 카를 원하는 사람들이 즐겨 찾는다. 출고 후 10년 가까이 된 모델이 많고 크고 작은 사고 경력도 있다는 것을 감안해야 한다. 겉모습보다는 차체의 중대 결함이나 기능 이상을 살펴보는 것이 중요하다. 구입 후에는 엔진, 브레이크 등 최소한의 안전 점검을 받아야 한다.

❷ 1,000만 원 이하

출고된 지 7~8년 된 소형차와 중형차를 살 수 있다. 주행거리는 대개 10~15만 킬로미터이다. 구입 후 2년 이상 탈 생각이라면 엔진, 변속기, 조향장치 등을 점검해야 한다. 비인기 차종의 경우 같은 비용으로 더 좋은 성능의 차를 살 수 있다.

❸ 1,200만 원 이하

중고차 시장에서 가장 인기 있는 가격대이다. 출고된 지 6~7년 된 소형차, 중형차, 일부 대형차를 살 수 있다. 중대형 차를 살 때는 각종 실내 편의장치가 제대로 작동하는지 살펴봐야 한다.

❹ 1,800만 원 이하

출고된 지 5년 이내의 비교적 젊은 차를 살 수 있다. 연식이 짧은 만큼 사고 이력이 없는 한 큰 탈을 일으키지 않는다. 출고 이후 3년이 지나면 감가가 많이 되어 이전비 부담이 줄어든다.

❺ 2,500만 원 이하

출고된 지 3년 이내의 차들이 많다. 1,500cc 이하의 차량이라면 새 차와 다름없지만 가격은 대폭 줄어든다. 단, 중요한 결함이 있거나 사고 차량도 있을 수 있으므로 구입 전 상태 점검은 필수다.

중고차의
차생車生을 살펴라

사람마다 인생이 다르듯, 자동차도 '어떤 주인을 만나 어떤 길을 달렸고, 어떻게 관리되었는가?'에 따라 차생車生이 달라진다. 자동차가 겪어온 환경과 조건은 천차만별이다. 외관이 아무리 멀끔해도 길들이기와 관리가 되지 않은 차는 가치가 떨어진다. 중고차의 과거 이력을 꼼꼼하게 살펴야 하는 이유다.

어떤 길을 달렸는가?

자동차는 달리는 도구이므로 무엇보다 어디를 달렸느냐가 문제가 된다. 가장 안 좋은 조건이라면 바닷가 주변일 것이다. 자동차는 철 덩어리다. 철과 염분이 만나면 어떤 일이 일어나겠는가? 바닷가 마을의 창틀이 금세 녹스는 것과 같은 이치다.

'요즘 도장 기술이 얼마나 좋은데'라고 생각하는 것은 너무 안이하다. 녹은 눈에 띄지 않는 곳에서 시작되고, 눈에 띄지 않는 곳이란 주로 접합 부분이다. 쇠와 쇠가 스치는 부분도 그렇고 바디와 몰드의 틈도 그렇다. 살짝 스친 흠집에서도 녹이 발생한다.

녹이 퍼져 나가는 것은 흡사 균이 번식하는 것과 비슷하다. 녹은 철을 부스럼 딱지의 형태로 들뜨게 해서 망가트린다. 또한 긴 시간에 걸쳐 더 깊이 침투한다.

해안이나 외딴섬을 달리던 중고차에는 주의해야 할 점이 또 있다. 파도가 거친 날에는 작은 물보라가 흩날린다. 꼼꼼하게 세차하더라도 안심할 수 없다. 필자의 지인이 바닷가 모래사장에서 벙커샷을 연습한 적이 있다고 한다. 그로부터 한 달 후 골프백을 열어보니 샌드 웨지라고 불리는 벙커 전용 클럽의 머리가 녹슬기 시작했다는 얘기다. 그만큼 철은 염분에 약하다.

다음으로 급한 산비탈이나 자갈길 등 험로 주행을 한 자동차다. 험로 주행을 많이 한 차는 아무래도 여기저기 피로도가 높고 전체적으로 헐게 된다. 중고차의 과거 이력을 엄격하게 물어야 하는 이유다.

어떻게 운전했는가?

길들이기가 좋지 않은 자동차도 문제다. 아이들은 과보호가 좋지 않지만 자동차는 과보호해서 나쁠 것이 없다. 급가속, 급브레이크, 급커브 등 '급' 자가 붙은 주행을 한 자동차는 피하는 편이 좋다. 거꾸로 자신이 타던 차를 중고로 팔 생각이라면 평소 운전에도 신경 써야 한다.

선천적 결점이 있는가?

사륜구동이나 FF, 2도어처럼 태생적으로 갖는 특징을 여기서 논의할 필요는 없다. 문제는 외관과 스타일을 너무 중요하게 생각해, 운전 조작성이나 거주성을 희생한 듯한 자동차다. 또는 차량 중량에 걸맞은 출력이 나오지 않는 차도 여기에 해당된다. 처음부터 단점을 갖고 태어난 것이라 볼 수 있다.

고물 자동차를 매만지는
카 라이프를 즐기자

세상은 넓고 이상한 취미를 가진 사람들은 많다. 그중엔 다른 사람 눈에는 고물로 보이는 물건을 수집하고 애지중지하는 사람들이 있다. 자동차 마니아 중에도 고물차를 만지작거리는 것이 취미인 부류를 말하는 것이다. 아주 저렴한 가격에 고물차를 손에 넣은 다음 사소한 고장은 모두 자신이 수리한다. 고물들 중에서 아직 재생 가능한 부품을 어디선가 찾아와 자신의 정성과 기술로 훌륭하게 달리는 자동차로 되살리는 것을 기쁨으로 여긴다. 이공계 출신이 아니더라도 이런 취미를 갖고 있는 사람들이 있다.

그런데 이런 취미를 누구에게나 권할 수 있는 것은 아니다. 자동차에서 일반인이 만지작거려도 상관없는 부분은 그리 많지 않다. 초보자가 어설픈 지식으로 만졌다가 예상치 않은 트러블이 발생할 수 있다. 램프류나 카 스테레오 종류를 자신이 직접 장착했다가 배선 실수나 용량 부족으로 차량이 전소되었던 사례도 있다.

다른 취미와는 달리, 자동차는 만에 하나 잘못될 경우 달리는 흉기가 된다. 초심자라면 하체, 스티어링 장치, 브레이크 관계를 절대 만져서는 안 된다. 아무리 고물차라고 해도 중요 안전장치만은 확실한 물건을 사야 된다.

기계를 잘 알고 손재주가 있고 게다가 부지런한 사람이라면 단종된 히스토릭 카를 사서 쓸만한 차로 재탄생시킬 수 있다. 기계를 잘 아는 만큼 보이지 않는 부분도 꼼꼼히 점검하고, 조금 멀리 움직일 때는 반드

1986년 출시된 1세대 그랜저, 일명 각 그랜저라고 불린다.

시 엔진룸을 살펴본다. 그런 사람들은 자동차를 자기 몸의 일부로 인식한다. 절대 난폭하게 운전하지 않고 무리하지도 않는다. 자신의 노력과 정성이 깃든 애차愛車이기 때문이다. 이제 슬슬 수명이 다할 것 같다고 생각되는 부품이 있다면 트렁크에 스페어 부품을 싣고 달리기도 한다.

중고차를
잘 탄다는 것

좋은 중고차를 좋은 가격에 구입하는 것도 중요하지만 그것은 카 라이프의 시작에 불과하다. 내가 산 중고차를 보다 안전하고 쾌적하게 운행하는 것이 가장 중요하고, 나중에 다시 팔게 될 때를 고려해 리세일 가치를 높이는 것까지도 고려해야 한다는 의미다. 그러기 위해서는 중고차를 산 후에 액세서리 등으로 차를 멋지게 치장하고 드라이브할 생각에 설레기보다는 먼저 해야 할 일이 있다. 바로 소모품 교환과 엔진, 전기장치의 점검이다.

물론 중고차 구입 과정에서 기본 점검이 이루어졌지만, 이제 내 차가 되었으니 조금 과하다 싶을 정도로 점검하는 자세가 필요하다.

가능한 한 모든 오일을 교환하라

❶ 엔진오일은 차량의 엔진 등급에 맞춰서

엔진 등급이 뭔지 잘 모르겠다면(가솔린, 디젤, LPG 차량의 경우) 5W/30으로 교환하면 큰 문제가 없다. 외제차의 경우는 성능 유지를 위해 광유보다는 합성엔진오일을 사용하길 권한다. 오일 교환 시기는 메이커에서 말하는 주기의 70~80%로 생각하는 것이 좋다. 즉 10,000km마다 교환하라고 하면 7,000~8,000km에 교환하는 식이다. 합성엔진오일은 교환주기가 길다고 알고 있는 사람들이 있는데, 그렇다고 해도 절대 20,000km를 넘겨서는 안 된다.

❷ 미션오일은 60,000~70,000km마다

미션(변속기)오일은 작동 온도를 기준으로 교환한다고 알려져 있지만, 무조건 60,000~70,000km마다 교환해야 미션 내부 클러치나 브레이크를 작동시키는 유압밸브 바디 부품의 손상 없이 부드럽게 변속이 가능하다. 미션오일 교환 시기를 놓치면 유압밸브 바디 쪽에서 먼저 트러블이 생겨 변속기 어셈블리 전체를 교환해야 할 수도 있다.

❸ 사륜구동이라면 차동기어오일도

사륜구동 차량이라면 카탈로그에 나와 있는 등급에 맞춰서 차동기어오일과 미션오일을 교환해줘야 한다. 보통 70~80W일 것이다. 외제차를 샀는데 뒤에서 우는 소리 같은 것이 들린다면 차동기어의 유격이 이미 커져서 얼마 안 있어 문제가 발생할 수 있다.

❹ 브레이크 오일은 좋은 등급으로

브레이크 오일은 무조건 교환하는 것이 좋은데 DOT4 이상을 선택하도록 하자. 그래야 ABS 모듈레이터 고장은 물론 여름철 발생하는 베이퍼록을 방지할 수 있다. 만약 브레이크오일의 수분 함량이 3% 이상이라면, 한여름 긴 내리막길 운행 시 브레이크가 풍덩 들어가는 위험 상황이 벌어질 수 있다.

❺ 냉각수는 순정품으로

오일은 아니지만 냉각수도 무조건 교환하는 것이 좋다. 부동액에는 단기 부동액과 장기 부동액이 있는데, 중고차라면 굳이 장기 부동액을 넣을 필요가 없다. 가격이 저렴한 단기 부동액을 넣더라도 메이커의 순정품을 선택하자. 비 메이커 제품의 경우, 히터 가동 시 실내에 퀴퀴하고 매운 냄새가 날 수 있다.

벨트, 엔진, 배선을 점검하라

❶ 타이밍벨트와 관련 부품은 동시 교환

타이밍벨트의 교환주기는 120,000~150,000km인데 가급적 순정품으로 교환하는 것이 엔진 파손을 방지하는 방법이다. 타이밍벨트 교환 시에는 워터펌프, 캠축과 크랭크축 리데나(리테이너)는 물론 모든 아이들 베어링, 오토 텐셔너까지 동시에 교환하는 것이 바람직하다. 정비소 견적이 너무 저렴하다면 순정품인지 확인하고, 부품 박스를 보여달라고 요청하자.

❷ 엔진, 전기 배선장치는 전문가에게

엔진 내부가 깨끗하게 청소되어 있는지, 전기 배선장치들 또한 깔끔하게 정리되어 있는지 전문가의 눈을 빌려 점검하는 것이 좋다. 만약 이전 차주가 튜닝을 했거나 자동차에 이것저것 전기 액세서리 장치를 장착했다면 더욱 날카로운 눈으로 점검해야 한다.

폐차하고 오히려
돈 버는 방법

　폐차 절차를 잘 몰라서 자기 돈을 써가며 폐차하는 사람들이 간혹 있다. 폐차는 전혀 번거롭지 않고 오히려 돈을 챙길 수 있는 기회가 된다. 요즘 촉매나 DPF 재료 가격이 많이 올라서 폐차 시 받을 수 있는 가격도 올라갔다.

　새 차를 구입하면서 타던 차를 폐차한다면 차를 구입한 자동차 영업소나 정비업소를 이용하면 된다. 또는 '좋은차닷컴' 등 폐차 전문 대행업체에 맡기면 휴대폰 문자 메시지로 말소등록 등 폐차 진행 과정을 알려주므로 폐차 지연으로 발생하는 피해를 막을 수 있다.

　한국자동차폐차업협회 홈페이지(www.kasa.or.kr)를 이용하는 것도 좋은 방법이다. 이 사이트에서 폐차 관련 정보를 검색할 수 있고 전국 폐

폐차 시 주의사항

① 저당권 또는 압류가 설정되었거나 차대번호 등 등록사항이 자동차등록원부와 다를 경우 폐차할 수 없다.
② 책임보험 과태료나 차량검사 미필 과태료가 남아 있다면 폐차할 수 없다.
③ 폐차장이 정부의 허가를 받은 곳인지 반드시 확인해야 한다.
④ 폐차 시 폐차요청서, 자동차등록증, 신분증, 인감증명서(소유자)가 필요하다.
⑤ 만일에 대비해 폐차 인수증을 발급받아야 한다.
⑥ 폐차 후 1개월 이내 관할구청에 말소등록 신고를 해야 한다.
⑦ 말소 등록 후에는 자동차 보험료 환급분이 있는지 확인한다.

차장을 조회한 뒤 직접 폐차 신청을 할 수도 있다. 폐차 신청자와 폐차장을 직접 연결해주는 것이다. 신청자는 24시간 안에 원하는 곳에서 폐차장까지 무료 견인 서비스를 받을 수 있다. 직접 폐차장까지 차를 가지고 가면 더 높은 금액을 받게 된다.

부록 1

한눈에 보는
자동차 도감

자동차 외관 명칭

리어 펜더
루프 패널
보닛
라디에이터 그릴
연료주입구 덮개
전조등
타이어
사이드미러
안개등
앞 범퍼

트렁크 리드
프런트 펜더
뒤 방향지시등
C필러
B필러
A필러
뒤 범퍼
브레이크등
리어 펜더

자동차 패널 명칭

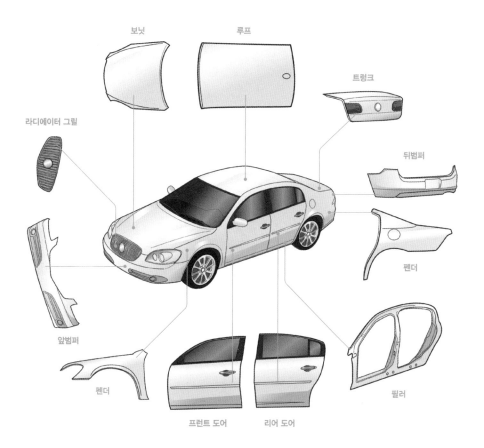

보닛

루프

트렁크

라디에이터 그릴

뒤범퍼

펜더

앞범퍼

펜더

프런트 도어

리어 도어

필러

자동차 바디 구조

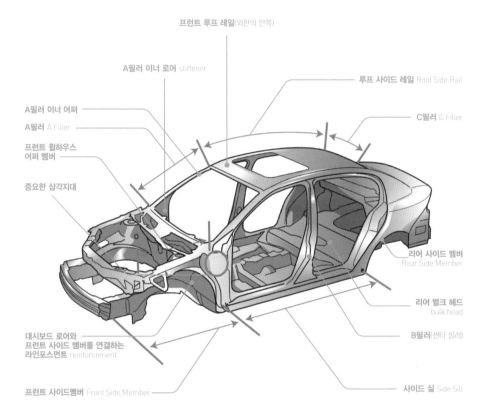

프런트 루프 레일(외판의 안쪽)

A필러 이너 로어 stiffener

A필러 이너 어퍼

A필러 A Filler

프런트 휠하우스
어퍼 멤버

중요한 삼각지대

루프 사이드 레일 Roof Side Rail

C필러 C Filler

리어 사이드 멤버
Rear Side Member

리어 벌크 헤드
bulk head

B필러(센터 필러)

대시보드 로어와
프런트 사이드 멤버를 연결하는
라인포스먼트 reinforcement

프런트 사이드멤버 Front Side Member

사이드 실 Side Sill

자동차 현가 · 조향장치 구조

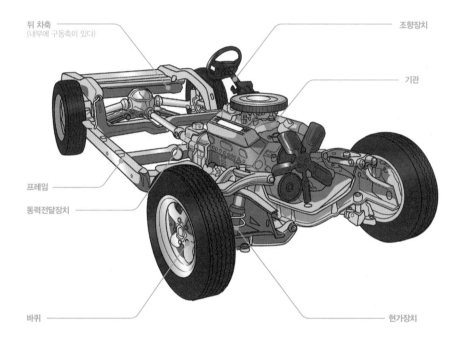

뒤 차축
(내부에 구동축이 있다)

조향장치

기관

프레임

동력전달장치

바퀴

현가장치

285

자동차 모노코크 바디

모노코크 주요 부품

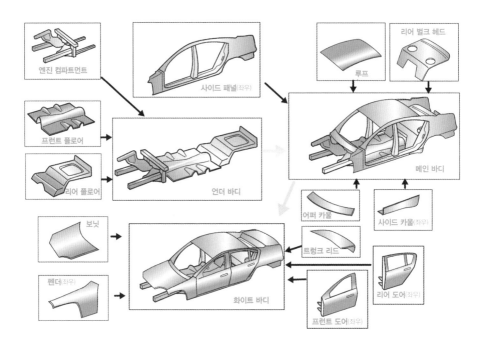

엔진 컴파트먼트

사이드 패널(좌우)

프런트 플로어

리어 플로어

언더 바디

보닛

펜더(좌우)

화이트 바디

루프

리어 벌크 헤드

메인 바디

어퍼 카울

사이드 카울(좌우)

트렁크 리드

리어 도어(좌우)

프런트 도어(좌우)

6

자동차 인테리어 명칭

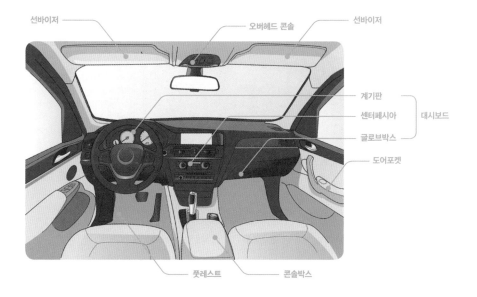

선바이저

오버헤드 콘솔

선바이저

계기판

센터페시아

대시보드

글로브박스

도어포켓

풋레스트

콘솔박스

자동차 인테리어 의장품

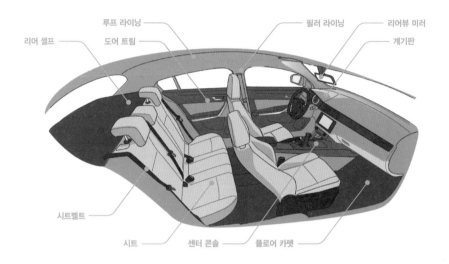

루프 라이닝   필러 라이닝   리어뷰 미러

리어 셸프   도어 트림   계기판

시트벨트

시트   센터 콘솔   플로어 카펫

8

엔진 본체 구조

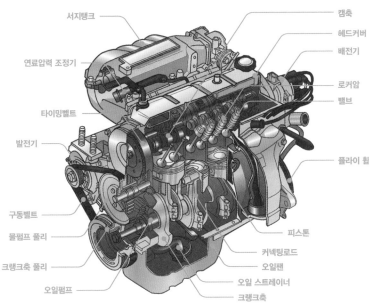

서지탱크 · 연료압력 조정기 · 타이밍벨트 · 발전기 · 구동벨트 · 물펌프 풀리 · 크랭크축 풀리 · 오일펌프 · 캠축 · 헤드커버 · 배전기 · 로커암 · 밸브 · 플라이 휠 · 피스톤 · 커넥팅로드 · 오일팬 · 오일 스트레이너 · 크랭크축

전기 엔진과 가솔린 엔진의 구조 비교

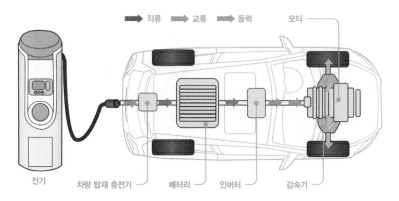

➡ 직류 ➡ 교류 ➡ 동력 　모터 ─

전기　　차량 탑재 충전기 ─　배터리 ─　인버터 ─　감속기 ─

전기 엔진 EV

외부 전원으로부터 충전된 전기는 배터리에 직류로 축적된다.
배터리에서 인버터를 통해 교류로 변환된 다음, 모터로 보내진
다. 배기가스가 나오지 않기 때문에 배기장치가 필요 없다.

가솔린 엔진

가솔린은 가솔린 탱크에 저장되었다가 엔진으로 보내지는데,
연소 폭발을 하기 때문에 공기를 빨아들이는 흡기장치나 배기
가스를 처리하는 배기장치가 필요하다.

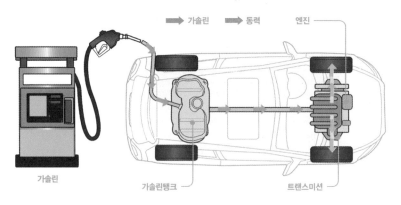

➡ 가솔린 ➡ 동력 　엔진 ─

가솔린　　가솔린탱크 ─　트랜스미션 ─

자동변속기의 구조

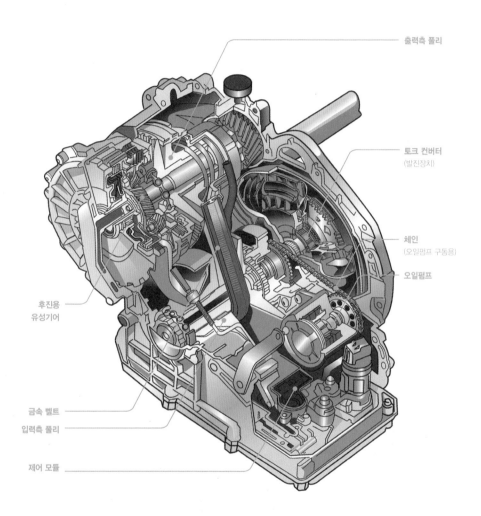

출력측 풀리

토크 컨버터
(발진장치)

체인
(오일펌프 구동용)

오일펌프

후진용
유성기어

금속 벨트

입력측 풀리

제어 모듈

291

듀얼 클러치 변속기

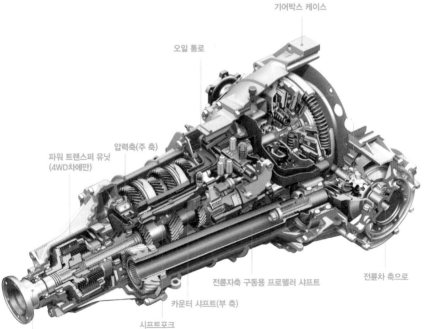

기어박스 케이스

오일 통로

압력축(주 축)

파워 트랜스퍼 유닛
(4WD차에만)

전륜자축 구동용 프로펠러 샤프트

전륜차 축으로

카운터 샤프트(부 축)

시프트포크

프로펠러 샤프트 축으로

브레이크 형식

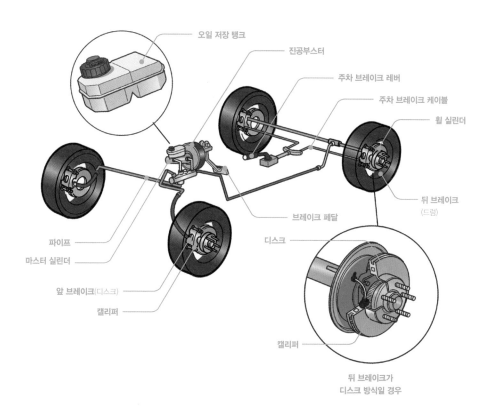

오일 저장 탱크

진공부스터

주차 브레이크 레버

주차 브레이크 케이블

휠 실린더

뒤 브레이크
(드럼)

파이프

마스터 실린더

앞 브레이크(디스크)

캘리퍼

브레이크 페달

디스크

캘리퍼

뒤 브레이크가
디스크 방식일 경우

293

드럼 브레이크 구조

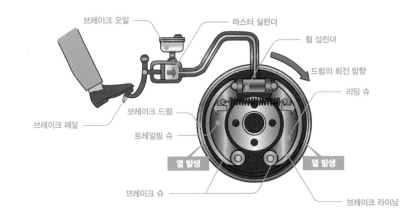

브레이크 오일   마스터 실린더

휠 실린더

드럼의 회전 방향

리딩 슈

브레이크 페달

브레이크 드럼

트레일링 슈

열 발생   열 발생

브레이크 슈

브레이크 라이닝

배력장치

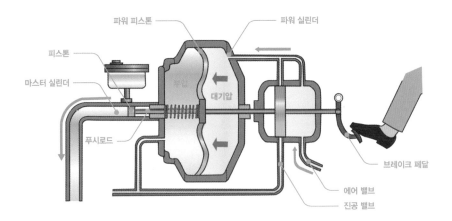

파워 피스톤   파워 실린더

피스톤

마스터 실린더

부압

대기압

푸시로드

브레이크 페달

에어 밸브

진공 밸브

---

15 스프링과 쇽업쇼버의 움직임

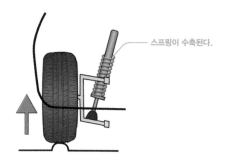

스프링이 수축된다.

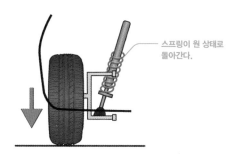

스프링이 원 상태로 돌아간다.

타이어가 노면의 볼록한 부분에 올라타면, 스프링이 충격을 흡수해 쇽업소버와 함께 수축한다.

충격 흡수가 끝나면 스프링은 반동으로 다시 수축하려 하지만, 쇽업소버가 버티고 있어서 서스펜션의 상하 움직임을 억제한다.

---

16 쇽업쇼버의 효과

쇽업소버가 없을 경우

쇽업소버가 있을 경우

전동식 조향장치

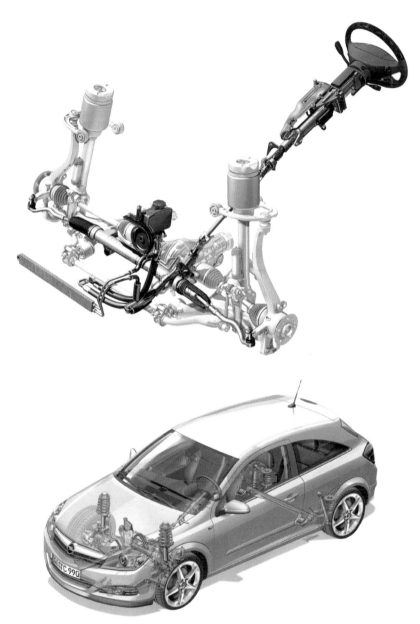

자동차 매매업 종사자를 위한 특별정보

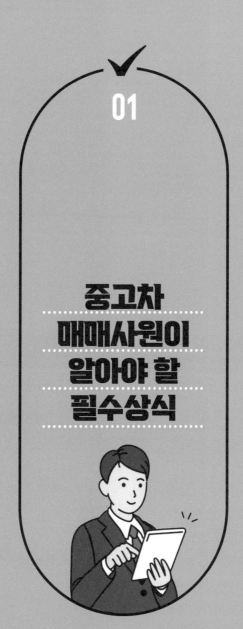

01

중고차
매매사원이
알아야 할
필수상식

1. 매입 시 중고차 점검항목

(1) 바디(차체) 점검

① 패널 교환 여부 점검

- 후드와 패널의 틈새 간격이 일정한지 확인
- 사이드미러 근처 후드 경첩이 붙어 있는 곳 틈새가 다르면 패널 교환 가능성 의심
- 패널 교환 시 볼트를 풀어야 하므로 볼트 머리 흠집, 좌우 볼트의 모양 과 색깔 비교

② 프레임 변형이나 수리 흔적 점검

- 내부 프레임의 접속부에 실링 자국이 있는 것이 정상
- 해당 부위의 페인트 색이 약간 다르거나 좌우 프레임 모양이 약간 다 르다면 사고로 프레임이 변형되어 수리했을 가능성 의심
- 전조등, 미등 어셈블리(일명 아세이)가 신품이면 사고로 교환 가능성 의심
- 프레임 용접, 접속부에 때가 끼거나 먼지가 있는 것이 정상
- 전조등, 고정볼트가 제대로 있고, 패널 색에도 문제가 없고, 볼트를 푼 흔적이 없으면 정상

③ 스로틀을 조작하며 엔진(소리) 점검

- 시동 걸고 변속기를 P에 놓고 스로틀바디를 조작하면서, RPM이 높을 때 엔진소리가 매끄러운지 확인
- 천천히 조작하면서 전체적으로 음이 크게 변하지 않는지 확인

- 창문을 열고 가속 페달을 밟으며 소리 확인
- 기어를 N에 놓고 주차 브레이크 당기고 1,000~4,000까지 RPM을 서서히 올리면서 음이 고르게 높아지는지 확인
- 갑자기 소리가 변하거나 시동이 꺼진다면 문제 있음

④ 엔진룸 안에 오일이 샌 흔적이 있는지 확인

⑤ 배터리 상태 확인
- 배터리 확인 창이 녹색인지 확인
- 겉면 스티커 제조일자 확인
- 단자 주위에 흰색 가루가 있거나 식초 냄새가 나면 100% 점검 · 교환 필요

⑥ 냉각장치 상태 점검
시동을 건 상태에서 5분이 지난 후 라디에이터 호스를 두 손가락으로 눌러 팽팽한 압력이 느껴지지 않는다면 냉각계통에 큰 문제(오래된 차는 냉각수 보조탱크, 뚜껑 교환하는 것이 좋음)

⑦ 섀시장치 점검

⑧ 자동변속기 오일의 상태가 나쁘면 절대 No
- 딥 스틱을 빼내어 색깔 확인
- 끝부분에 묻어나오는 오일이 맑은 포도주색이면 정상
- 오일에 작고 검은 물질 포함, 갈색을 띠거나 타는 냄새가 나면 기본적인 관리 부실(자동변속기 수명 단축)

⑨ 브레이크액과 파워스티어링 오일 점검
- 브레이크액 양은 충분한지, 색은 맑은 식용유에 비해 얼마나 검은지 확인, 브레이크액이 진한 갈색이면 문제 가능성 높음
- 파워스티어링 오일은 자동변속기 오일과 공용이므로 맑은 포도주색이어야 정상

(2) 하체 점검

① 핸들을 끝까지 돌려 좌우 비교

② 바퀴 안을 들여다보고 파손이 있는지 확인

- 핸들을 끝까지 돌려 바퀴 안쪽을 볼 수 있도록 해놓고 좌우 바퀴 안쪽 점검
- 바퀴 안쪽 등속조인트에 주름 같은 게 있는데 찢어지지 않았는지 확인 (자주 파손되는 부분)
- 바퀴 안쪽 등속조인트에 검은색 액체(그리스)가 보이면 반드시 교환

③ 타이어 마모 상태 확인

- 시승 시 시속 100km 이상에서 핸들이 떨리면 휠 밸런스, 얼라인먼트 이상
- 차체 안쪽에서 바깥쪽으로, 다시 바깥쪽에서 안쪽으로 손을 스치면서 느낌을 확인하여 두 방향의 느낌이 다르면 눈에 보이지 않는 편마모 발생
- 타이어 중심부에 있는 마모 한계선 확인
- 새 타이어가 장착되어 있다면 차체 변형을 숨기는 것은 아닌지 의심

④ 차체 아래쪽 확인

- 프레임 변형이나 돌 등에 받친 흔적이 있는지 확인
- 엔진 쪽에 흔적이 있다면 엔진의 배치 상태가 약간이라도 틀어질 수 있음

(3) 외부 패널과 실내 점검

① 새 차같이 깨끗한 중고차는 어딘가 문제가 있다고 의심

② 좌우 도어, 보닛 등 점검, 실리콘 처리 부위 확인

③ 문의 여닫힘이 좋은지 확인

④ 문 안쪽에 수리한 흔적이 있다면 절대 No

- 문 안쪽의 웨더스트립(빗물 유입을 방지하는 고무)을 살짝 당겨보면 접합부가 보이는데, 여기에 최초 용접한 흔적이 그대로 있다면 정상
- 갈라진 흔적, 다시 도장한 흔적이 있거나 용접 사이즈가 커진 경우라면 수리 가능성이 큼
- 문 안쪽 바디에 그런 수리를 했다면 심각한 섀시 변형이 있다는 것

⑤ 외부 도장에 층이 있거나 페인트의 맨 위 코팅이 벗겨진 곳이 있는지 확인

⑥ 운전석에 앉아서 상태 점검

- 안테나, 오디오, 와이퍼가 작동하는가
- 전조등, 미등 램프에 문제는 없는가
- 에어컨은 잘 작동하는가
- 윈도 여닫힘이 양호한가
- 시트에 문제가 없는가
- 악취나 특이한 냄새는 없는가
- 시동을 걸면 모든 경고등이 소등되어야 시스템 정상

⑦ 트렁크를 열고 수리한 흔적이 있는지 점검

- 트렁크 바닥을 젖히고 좌우에 수리한 흔적이 있는지 확인(가능한 한 모든 커버를 떼어내고 확인)
- 실링 자국이 있는지, 있다면 좌우가 같은지 확인(좌우 같으면 정상)
- 용접 흔적이나 녹물이 생긴 흔적 확인
- 스페어 타이어 보관 장소에 빗물이 들어온 흔적이 있는지 확인

(4) 도로 주행 테스트

① 한적한 도로에서 주행 테스트 실시

② 과속방지턱을 넘어가 본다.

③ 자동변속기의 느낌 확인(변속 시마다 변속 충격 점검)

④ 급제동을 해 본다(급제동 시 떨리면 디스크 변형).

⑤ 주차 브레이크를 5~7클릭 정도 당겨놓고 D를 밟았을 때, 앞으로 나가거나 더 많이 당겨야 한다면 문제 있음. 엔진이 약하게 부르르 떨면서 정지해 있는 것이 정상

2. 차량 매입 시 고객 응대 요령

① 자동차 이력에 대한 문의

- 개인 소유, 법인 소유, 기타 소유 구분
- 최초 소유자인가
- 몇 명을 거친 차량인가
- 실제 운전자는 몇 명인가

② 사고 여부, 내외부 상태

- 기본적인 장치와 부품 확인
- 변속기오일, 엔진오일, 점화장치 점검 교환 확인

③ 정기적인 점검과 정비 여부 확인(전 소유자의 차량 관리 상태는 매우 중요)

④ 주차 방법 등을 포함한 관리정보

⑤ 현 소유자의 직업, 연령, 차량 이용 형태(간략히)

⑥ 차를 매도하는 이유

⑦ 중고차로서의 가격 메리트: 차종, 연식, 컬러, 옵션, 무사고 등

⑧ 원부 조회: 카히스토리, 사무장에게 확인(차량번호)

3. 매입가 산출 요령

① 차량 판매 문의가 오면 고객이 팔려고 하는 가격대와 딜러가 매입할 수 있는 가격대를 정확하고 자세히 설명한다.

② 차량의 등급별(구형, 신형 등) 평균 시세를 알려주고, 구입 가능 물건과 추가 금액을 설명한다.

③ 기본 수리비, 광택, 판금 · 도색 비용, 상사 이전 비용 등을 상세하게 설명한다. 개인이 직접 수리하여 판매할 경우, 매매상사에 의뢰하는 것보다 수리 비용이 더 들어가므로 매매상사 의뢰가 유리하다고 설명한다.

④ 원부 조회에서 압류 내역이 하나라도 있으면 상사 이전이 안 되며 차량가액보다 금액이 클 경우, 매도자에게 추가 비용을 받아야 한다.

⑤ 매도가격이 정해지면 고객에게 인감과 도장을 요청해 상사로 이전한다.

박병일 명장의 중고차 알짜 정보

매입 후 분쟁을 줄이는 방법

요즘 자동차들은 모든 시스템이 전자화되어 육안이나 계기판 경고등만으로는 차량 시스템을 정밀하게 진단할 수 없다. 될 수 있으면 자동차 스캐너(진단기) 등을 갖추고 매입하기 전에 모든 시스템 장치에 기록된 고장 코드를 확인하고, 수리 전후 내용을 스캐너를 통해 점검하면, 매입 후에 발생하는 고장과 고객과의 분쟁 소지를 많이 줄일 수 있다. 특히 수입차일 경우 더욱 주의가 필요하다고 본다.

보험
고객보험

1. 보험의 종류

보험에 가입해야 출고 가능(자동차 등록보다 보험 가입 우선 처리)

① **개인용 자동차보험**: 10인승 이하의 개인소유 자가 승용차

② **업무용 자동차보험**: 10인승 이하의 개인소유 자가 승용차를 제외한 모든 비사업용 자동차(직원 수송 버스, 유치원 통학버스 등)

③ **영업용 자동차보험**: 사업용(영업용) 전 차종(개인택시, 개인화물, 개별용달) 포함

④ **운전자보험**

※ 이륜자동차는 이륜자동차보험에 가입

※ 군대 운전병, 해외 및 공공기관 운전 경력 인정(병적증명서 첨부)

2. 보험 가입 절차

보험견적서 신청 및 상담 요청 → 보험견적서 검토 및 가입 설계 → 가장 유리한 보험사 안내 → 보험 가입 → 보험 가입 내용 확인(고객 자필서명) → 계약 처리 완료 → 보험료 영수증 및 보험 가입 세트 발송

※ 법인, 회사, 자차 안 되는 경우 있음(사고 다발)

※ 보험사마다 할인 할증 등급이 같더라도 적용하는 할인 할증률이 다르다.

3. 보험 가입 서류

① 개인사업자인 경우, 가입 예정자의 인적사항 및 구입하거나 보유한 차량에 대한 정보 → 가입자 주민번호, 차량번호(등록증) 비교 견적

② 법인인 경우만 법인의 사업자등록증 사본 팩스 송부

※ 고객의 견적 신청 정보 또는 가입 설계 정보와 보험개발원의 개인별 자동차보험 가입 경력, 교통법규 위반 경력, 교통사고 경력 등이 전산화되어 있고, 이 정보들을 토대로 보험사의 자동차보험료가 산출되도록 되어 있다.

4. 보험 가입 종류

① 대인배상 1(책임보험)
② 대인배상 2(책임보험 초과 손해)
③ 대물배상

1. 중고차 할부 심사기준

할부금융이란 자동차를 고객 명의로 구입할 때, 구입자금 중 부족한 자금에 대해 대출을 일으켜 원하는 기간을 설정하여 약정된 이율의 이자와 원금을 함께 상환하는 것을 말한다.

(1) 고객 신용에 대한 심사

① **구입자 심사**: 신용등급, 소득수준, 담보능력, 연대보증인 심사

② **신용등급**: 신용평가기관 심사(주민등록증 필요)

③ **소득수준**: 할부 시 심사, 보통은 통장으로 3개월치의 급여내역 확인

④ **담보능력**: 할부 시 절차, 재산세 납부증명원 또는 본인 소유의 집이나 건물이 있는지 확인

⑤ **연대보증인**: 고객심사와 같은 방식으로 신용, 소득수준, 담보능력 평가
   ※ 구매자가 필요한 금액 이하로 대출이 나왔을 때 연대보증을 통하여 금액을 올리게 됨.

심사종류	근거자료	심사 주관처	방법
신용등급 심사	주민등록증(할부 시 제출)	신용평가기관	신용등급 조회
소득수준 심사	• 근로소득원천징수 참고 • 개인종합소득세 참고 • 주민등록등본	할부사	제출서류 확인
담보능력 심사	재산세 납부증명원	할부사	등기부등본 열람
연대보증인 심사	위의 조건에 준해서 결정		

(2) 중고차 심사

① 할부사 기준의 차량 가격이 미리 책정되어 있음. 이는 중고차 시장에서 형성되어 있는 평균 시세를 기준으로 하므로, 차량 상태가 아무리 좋거나 나빠도 평균가격으로 대출이 나간다. 물론 큰 사고와 같이 감가가 되는 부분은 일부 반영된다.

예 07년식 NF소나타를 할부로 구입할 경우, 판매 금액이 1,400~1,500만 원 정도 나온다면 심사를 통해 약 1,500만 원까지 대출 가능. 신용이 좋다면 더 나올 수도 있고 나쁘면 적게 나올 수 있다.

② 할부금액 책정 시 차량 연식만 적용

할부사들이 차량 실물을 일일이 확인할 수 없기 때문. 차량 연식이 오래된 차나 주행거리가 긴 차는 담보 능력이 떨어져 회수하지 못할 가능성이 크기 때문이다.

차량 할부금융은 7년, 14만 킬로미터까지!

일부 할부사에서는 그 이상도 가능하지만 대부분 7년 이상 되면 중고차의 가치가 없다고 판단하고 있다. 10년 이상 된 차량은 할부금융 진행이 어렵다.

2. 신용대출 조건

신용등급 8등급 이내 / 반드시 직장인

다만, 매매상사 할부의 경우, 신용등급 8등급 이내이며 무직자도 할부가 가능하다(소액). 매매상사 할부는 차를 담보로 잡기 때문이다. 사양 추가 할부도 가능하다.

3. 금리

① 캐피탈 금리는 7.99~37% 범위인데 개인 신용등급과 직장 상태에 따라 차등 적용된다.

② 매매상사와 제휴된 캐피탈의 경유는 신용등급이 좋든 나쁘든 20~25% 정도로 정해져 있기 때문에 신용대출과 차이가 있다.

→ 개인등급이 5등급이라면 할부 이자가 25% 정도 됨

③ 신용등급이 좋다면 신용대출, 나쁘다면 매매상사 할부

④ 중고차 할부금융 이자 예시

- 신용 1등급: 국산차 8.5%, 수입차 11.0%
- 신용 2~3등급: 국산차 10.0%, 수입차 12.5%
- 신용 4등급: 국산차 11.5%, 수입차 14.0%
- 신용 5등급: 국산차 12.5%, 수입차 15.0%
- 신용 6~7등급: 국산차 15.5%, 수입차 18.0%
- 신용 8등급 이하: 국산차 17.0%, 수입차 19.5%

   ※ 금융수수료(선수수료): 대출금액의 5%

   ※ 취급수수료: 36개월의 경우 5%(무수수료 19%라면 유수수료 5% 내고 14% 진행)

   ※ 일반 신용대출은 무담보 대출이기 때문에 캐피탈 할부대출보다 10% 정도 높음

   ※ 리스 이자는 3%

   ※ 신차의 경우는 3~8%

⑤ 중고차 할부 시 고려 순서

   은행(3~10%) → 캐피탈 신용대출 → 매매상사 할부

※ 신용도만 된다면 마이너스 통장, 신용카드, 각종 담보대출 활용

4. 할부 진행 시 필요서류

구분	개인	법인	보증인
증빙서류	• 할부금융신청서/약정서 • 주민등록등본 2통 　(발급일로부터 3개월) • 인감증명서 2통 　(발급일로부터 1개월) • 자동차 매매계약서 사본 • 공증서류 • 위임장/약속어음 • 면허증 사본 • 통장 사본 • 인감도장 • 자동차 등록원부	• 법인 사업자등록증 사본 • 법인 인감증명서 2통 　(발급일로부터 1개월) • 법인 등기부등본 2통 　(발급일로부터 3개월)	• 주민등록등본 1통 　(발급일로부터 3개월) • 주민등록증 사본 및 　면허증 사본 중 택1 • 인감증명서 1통 　(발급일로부터 1개월) • 인감도장
한도를 위한 기타 증빙서류 (개인, 법인, 보증인 공통)	• 자격증 사본 및 사업자등록증 • 재직증명서(대출 접수일로부터 7일 이내) • 근로소득 원천징수 영수증(최근 1년 이내), 직장의료보험 • 재산세 과세(납세)증명(최근 1년 이내) • 부동산 등기부등본(대출 접수일로부터 7일 이내)		

5. 할부 진행

(1) 할부 순서

차량선정 → 할부신청 및 승인 → 계약서 작성 → 차량출고

① 구입하고자 하는 중고차 가격대와 할부금액 결정

② 중고차 매매상사에서 마음에 드는 차량 선택

③ 할부 직원과 할부 진행에 대해 상담

④ 할부를 결정했다면 서류 준비 및 제출

⑤ 구입한 차량을 인수

(2) 할부 설정비용

채권액×0.006 = 설정비(채권액×0.002) + 수입증지(채권액×0.004)

(3) 상환

① 원리금 균등상환

중고차 할부상품 중 가장 많이 사용. 원금과 이자를 합한 금액을 균등하게 나눠 갚는 것으로 만기 시 추가 납부금액 없음

② 중도상환

중간에 목돈이 생기면 중도상환이 가능하고 부분 상환, 완납 상환 모두 가능. 연체이자율과 중도상환수수료는 모든 고객에게 동일하게 적용되기 때문에 맞춤 정보와 별도로 제공된다.

※ 할부금 중도상환 시: 중도상환 수수료

※ 연체할 경우: 최대 33% 금리

6. 할부 자격심사 방법

(1) 여신금융협회 할부 가능 확인

① 신차

• 차종

• 현금구매 비율(전체 차량금액 중 이용자 본인이 현금으로 지불하는 비율)

• 대출기간 등을 선택하면 할부 이용자가 입력한 정보에 따라 여전사별 금리, 취급수수료, 실제 연금리(금리+취급수수료 고려한 연 단위 금리),

전분기 평균 실제 연금리 등 맞춤 정보 제공

② 중고차

- 신용등급(1~10등급)
- 취급수수료(유, 무)
- 대출기간 입력

(2) 할부조회

① 가조회(신용조회 기록이 남지 않음)

- 정확한 신용조회를 하려면 주민번호가 있어야 하므로, 할부사의 가조회로 소득이나 신용등급에 따른 금리와 한도를 확인해 본다.
- 단, 가조회에서 불가가 나오면 접수가 되지 않으므로 예외승인 방법을 찾아본다.

② 예외승인

- 시스템상의 계산법으로는 대출금액이 안 나오는 사람도, 할부사 직원이 직접 구매자의 신용상태를 확인하고 예외적으로 승인을 해주는 경우가 있으므로, 가조회에서 부결되더라도 접수될 수 있다.
- 대출한도 및 진행 중 부결 사유에 따라서 소액 정도는 지점장 승인으로 예외승인이 가능한 부분이 있으므로 알아본다.
- 예외승인 한도는 200~500만 원 정도이며 신용도에 따라 최대 1,000만 원까지도 가능하다(일부 캐피탈사)

※ 중고차 할부금융은 금리가 높으므로 은행권 대출이 가능한 사람은 다른 방법을 강구해본 다음 마지막에 이용하는 것이 좋다.

7. 할부 진행 가능 회사

① 여신금융협회 홈페이지(http://www.crefia.or.kr/gongsi/gongsi032.html)에

서 자동차 할부 맞춤형 비교공시 서비스를 이용할 수 있다. 고객의 신용
상태가 다 다르므로 자신의 정보를 입력해 최적의 상품을 선택할 수 있다.

② 캐피탈은 제2금융권으로, 은행에서 대출이 되지 않는 경우 신용대출, 담
보대출로 이용하게 된다. 현대캐피탈, KB캐피탈, 우리금융캐피탈, 롯데캐
피탈 등이 대표적이다.

8. 카드 할부

① 개인 간 직거래 시, 기본적으로 신용카드 결제가 되지 않으나, 매매상사를
통해 구입 시에는 결제가 가능하다. 통상적으로 결제 대금 외에 추가 수수
료가 추가된다. 매매상사마다 조건이 다르므로 구입 시 매매상사에 문의
해야 한다.

② 카드 수수료는 현재 연체만 없다면 중고차 시세에 맞춰 '차 값+이전비+보
험료'까지 전액 할부 가능하다. 중고차 할부는 금리가 15~29%까지이며,
처음 5% 선납 시 저금리 상품을 이용할 수 있다(신용등급에 따라 7.5~11%까
지 가능).

③ 중고차 구입 시에는 카드 제휴가 되지 않는다.

④ 중고차를 카드로 구입 시에는 선수수료가 6~7% 정도 붙고, 여기에 카드
사에서 적용하는 할부이자가 붙는다

⑤ 카드는 최장 12개월까지 할부되며 신용이 좋으면 14개월도 가능하다. 연
이자, 월이자, 수수료 등은 가조회를 통해 정확하게 알아보아야 하며, 고
객의 신용이 좋을수록 이자는 내려간다.

※ 현대카드는 사용 불가(현대캐피탈사가 있기 때문)

리스

1. 오토리스

오토리스란 고객이 원하는 차량을 리스회사가 자사 명의로 대리 구매해 임대하고, 고객은 계약기간 동안 해당 차량의 이용료(임차료)를 지불한 후 차량을 이용하고, 만기 시 고객의 상황(차량 상태, 사납, 구매, 재리스)에 따라 선택할 수 있는 선진국형 자동차 금융상품(금융, 운용, 유예리스)이다.

할부의 장점과 렌트의 장점을 합친 형태로(거주기간이 정해진 월세와 비슷), 상용차의 경우 현행 여객자동차운수업법상 렌터카를 이용할 수 없기 때문에 리스 차량을 이용한다.

(1) 금융리스(메인터넌스리스)

① 명의가 자유로우며, 개인할부의 성격을 지닌 제도

② 자산으로 처리되며 이자 부분의 비용 처리가 가능하고 자산 처리된 부분은 감가상각 처리됨

③ 약정기간이 만료된 뒤에 무상양도 가능

④ 일반할부와 같은 성격을 지닌 금융리스의 경우, 운용리스에 비하여 월 리스료가 저렴하다는 장점이 있으나 일반할부가 더 나음.

⑤ 초기에 내는 금액은 보증금이 아닌 선수금의 개념이고 그 선수금을 제외한 나머지를 계약기간 동안 갚아나가는 개념

⑥ 운용리스는 차량가격에 다른 모든 비용을 포함시킬 수 있는 반면 금융리스는 포함시킬 수 없다.

(2) 운용리스

① 잔존가치에 대한 설정 운영으로 통상 잔존가치를 30~40%로 운영(리스사에 따라 설정이 다소 상이할 수 있음)
② 리스사가 보증금 식의 돈을 받아두었다가 만기 시 돌려주거나, 차량을 양도하는 것임
③ 운용리스의 가장 큰 장점은 절세 효과
④ 차량가격+세금+보험+등록비 등등 모든 비용을 월 리스료로 납입
⑤ 법인의 경우, 운용리스 사용 시 연간 소득이 많을수록 유리
⑥ 대부분의 운용리스가 36개월. 같은 차라도 현금 차는 법인에서 비용 처리하는 데 5년이 걸리지만, 리스로 구입하면 3년 안에 모두 털어낼 수 있기 때문
⑦ 보증금 외에 나갈 비용이 없고, 30%와 40%, 둘 중 하나를 보증금으로 선택해야 하고, 만기 시 환급과 차량 인도 중에 선택한다. 대체로 환급후 다른 차량을 리스하는 경우가 많다.
⑧ 운용리스의 경우, 서비스 비용이 포함된 금액을 매월 리스 이용 기업체에 청구하며, 리스 이용 기업은 이에 대한 전액을 비용으로 회계 처리하여 리스 비용의 합계가 감가상각 비용보다 훨씬 많아지게 되는데, 그 차액에 대하여 세율을 곱한 만큼 절세 효과가 발생한다.

(3) 유예리스

① 금융리스의 일종
② 유예리스는 말 그대로 차량 가격의 일정 부분을 계약 기간 뒤로 미뤄 놓는 것이다(나중에 갚겠다는 의미).
③ 유예리스는 초기에 차량 가격의 최소 30% 이상을 선수금으로 내야 한다(특별한 경우 더 낮은 금액도 가능).

예 5천만 원짜리 차량의 선수금 30%를 내고 유예금 50%를 설정하면 처음에 1,500만 원을 내고, 2,500만 원을 유예시키는 것으로, 실제로 리스를 쓰는 금액은 1,000만 원이 된다. 따라서 월 리스료가 30만 원대 가능.

④ 단점은 유예시켜 놓은 2,500만원에 대한 이자 부담. 일반적으로 리스나 할부를 쓰게 되면 원금과 이자를 갚아 나가기 때문에 원금이 내려가는 만큼 이자도 내려가게 되는데, 유예리스는 계약기간 동안 꼬박꼬박 같은 금액의 이자를 내야 한다.

※ '리스 이용금액의 원금과 이자 + 유예금의 이자'를 계약기간 동안 내게 되어, 월 리스료는 적지만 일반 금융리스를 쓰는 것과 비슷하거나 더 많은 이자를 내야 한다.

⑤ 계약기간이 끝난 후, 유예시켜 놓은 금액을 한 번에 갚았다면, 그냥 월 리스료 적게 내고 일반 금융리스만큼 이자를 냈다고 생각할 수도 있겠지만, 유예금을 재리스할 경우에는 그때부터 유예금에 대한 원금과 이자를 또 내야 되는 상황이 된다.

⑥ 계약기간 만료 후에 100% 목돈이 들어오거나, 이자 상관없이 매월 리스료가 낮은 것을 선호하는 사람에게 적당

⑦ 금융리스이기 때문에 반납은 불가능. 리스 계약서에 잔존가치라고 적혀 있긴 하지만, 잔존가치라는 부분이 유예리스에서는 유예금을 뜻함. 유예는 많게는 60%까지도 가능하지만, 대부분 50% 내외이다.

⑧ 유예리스도 리스의 장점은 모두 적용된다.

2. 금융리스(메인터넌스리스)와 운용리스 비교

구분	금융리스(메인터넌스리스)	운용리스
지원범위	• 차량대금 • 등록비용 일체(공채 포함) • 리스기간 중 세금 일체 • 리스기간 중 보험료 • 리스기간 중 범칙금 대납	• 차량대금 • 등록비용 일체(공채 포함) • 리스기간 중 세금 일체 • 리스기간 중 보험료 • 리스기간 중 범칙금 대납
유지관리	정비(연장보증, 소모품, 대차 서비스)	정비는 고객이 수행(대차 없음)
세금혜택	• 이자 부분만 경비 처리 • 나머지 감가상각 처리	리스료 전액 경비 처리
리스기간	12~60개월	12~44개월
차령제한	9년	5년
운행거리	연간 주행거리 선택 가능	연간 주행거리 4만km 고정
인수여부	계약만료 후 반납 안 되고 무조건 인수 (잔존가치가 없기 때문에 인수 시 명의 이전 비용 발생)	반납 또는 연장 가능

3. 리스 구비서류

구분	법인		개인사업자	개인(보증인)
	법인	대표자		
필수	• 사업자등록증사본 • 법인 등기부등본 • 법인 인감증명 • 재무재표(과거 2년간) • 자동이체 통장사본 • 법인 인감도장	• 신분증 사본 • 개인 인감증명 • 주민등록등본 • 인감도장	• 사업자등록증사본 • 신분증 사본 • 개인 인감증명 • 주민등록등본 • 자동이체 사본 • 인감도장	• 주민등록등본 • 개인 인감증명 • 신분증 사본 • 인감도장

구분	법인		개인사업자	개인(보증인)
	법인	대표자		
선택 (해당시)		• 재산세 과세증명 (구청, 주민센터)	• 자격증 사본 • 재산세과세증명(구청, 주민센터) • 소득금액증명(세무서)	• 자격증 사본 • 재직증명서 및 연말정산영수증 • 재산세과세증명(구청, 주민센터) • 소득금액증명(세무서)
비고		• 상장 및 코스닥업체 • 공공기관 및 자기자본 50억 이상 법인은 대표자 보증면제		

4. 자동차 할부, 리스, 렌트의 차이점

구분	할부	리스	장기렌트
등록명의/소유권	본인	캐피탈	캐피탈
이용기간(개월)	12, 24, 36, 48, 60개월	12~48개월(대출인식)	12~48개월
이용가능 차종	모든 차종	모든 차종	• 승용차량 • 15인승 이하 승합차종(벤, 상용차량 제외)
차량정비 서비스	없음	선택 가능	선택 가능
자동차 보험요율	본인요율	• 종합보험가입 고객의 요율 반영 • 매년 리스료 변경	• 렌트사 요율 반영 • 매년 렌트료 고정 가능
LPG 차량	사용 불가	사용 불가	가능

구분	할부	리스	장기렌트
주행거리	제한 없음	연 3~4만 km 사이(거리 선택 가능, 초과시 별도수수료 발생)	제한 없음
번호판	자가용번호판	자가용번호판 (10부제 운행 불가)	"허" 번호판 (10부제 운행 가능)
보험료	본인 부담	리스료 포함	렌탈료 포함
세금	본인 부담	리스료 포함	렌탈료 포함
비용처리	• 할부이자만 가능 • 법인, 사업자: 감가상각 처리	• 리스료 전액(면세) • 영수증 발급	• 렌탈료 전액 세금계산서 발급 • 9인승 이상 차는 부가세 환급
리스, 렌트료 포함내용	본인 부담	차량가격, 등록비용, 자동차세, 보험료 (정비포함 선택가능)	차량가격, 등록비용, 자동차세, 보험료 (기본정비 포함)
계약만기시 선택옵션	본인 소유	반납, 연장, 구매 중 선택	반납, 연장, 구매 중 선택

5. 리스의 장점

① 초기 부담이 적고 등록비용이 없다. 100% 비용처리로 인한 세금 절감효과, 부채비율 감소, 현금이나 할부를 이용해서 개인의 명의로 차를 구매하면 자동차 가격에 비하여 국민연금이나 보험수가가 높아지지만, 리스로 구입하면 리스회사로 차량이 등록되기 때문에 법인에서는 자산으로 잡히지 않아서 국민연금, 의료보험 등의 보험수가가 올라가지 않음으로 절세 효과가 있음.

② 본인 명의가 아닌 리스회사로 차량 등록되기 때문에 일반적으로 차를 구

입할 때 세금 부분에서도 혜택을 볼 수 있음

③ 차량의 재산권 추적이 불가능하므로 어떤 이유로 명의를 숨겨야 할 경우에 적합

④ 창원시 공채 매입 가능하므로(공채매입률이 낮은 경남 창원에서 매입, 할인을 하게 되면 자동차 가격에 따라서 차이가 있겠지만 1억이 넘는 차량의 경우는 수백만 원의 차이가 난다) 이 비용도 리스로 구입 시의 장점이다.

6. 보증금과 잔존가치

잔존가치란 리스사에서 정한 3년 뒤의 중고차 가격을 말한다. 만약 3년 뒤 잔가가 차량의 30%라면 리스사가 정한 중고차 가격이 30%라는 것이다. 리스는 3년 뒤 잔가에 맞춰 인수와 반납이 이루어지는데, 이때 고객은 보증금을 10~30%만 납입하고 차량을 출고, 인도받게 된다. 즉 초기 자본이 적게 들어가는 효과가 있다.

(1) 인수

① 3년간 리스료 지불 후 만기가 되었을 때, 리스사 명의에서 이용자 명의로 이전을 하게 되며, 보증금을 잔가 30%에 맞춰서 내거나 포기함으로써 차량을 인수한다. 예를 들어 초기 보증금을 10% 냈다면 3년 뒤 20%를 채운 뒤 차를 인수하여 중고차로 팔 수 있다.

② 잔가에 맞춰 초기 보증금을 30% 냈다면 주고받을 것 없이 차를 인수할 수 있고 중고차로 팔 수도 있다(이때는 일반 차량이 된다).

(2) 반납

초기 보증금을 30% 내고 3년간 리스 이용 후 반납할 경우, 리스사는 차량을 인수해가면서 초기 보증금 30%를 돌려준다. 인수해서 중고차로 파는

것이 조금이라도 더 이익이 되기 때문에 90% 이상이 인수를 결정한다.

7. 리스차량 승계

① 이용 중인 리스 차량을 넘겨받는 일종의 중고차 거래로 최초 리스 이용 자가 중도에 회사 사정으로 인해 리스계약을 중도 해약하고자 할 때, 이 용 중인 리스 차량을 중도해지 수수료 없이 승계할 수 있다.

② 리스 차량의 현재 잔여 원금과 리스 조건(보증금, 잔존가치, 리스 기간, 리 스 종류, 월 리스료 등)을 그대로 구매자(승계인)에게 승계하는 것이므로 반 드시 해당 리스사의 승인심사를 거쳐야 한다. 리스 약관상 리스사의 사전 동의 없이 차량을 제삼자에게 양도할 수 있다.

※ 자동차는 부동산에 속하므로 리스는 임대차(전월세)와 비슷하다. 따라서 전 전대를 하려면 임대인의 동의를 얻어야 하는 것과 같다. 채권과 채무를 서 로 교환하는 것이다.

8. 중도해지 희망고객

① 리스는 중도 해약 시 고액의 위약금(해지 수수료)을 부담해야 하지만, 리 스, 렌터카 승계 서비스를 이용하면 최대 94% 이상 수수료 부담을 절감할 수 있다. 고객서비스 차원에서 리스사는 해당 차량을 리스로 인수받을 이 용자를 알선해 주며, 서비스 이용 시 승계수수료만 납부하게 한다.

② 리스 승계 절차
승계상담 → 서류접수→ 심사 → 계약서 작성 → 최초 계약자가 리스사에 보증금으로 납입한 금액 입금 → 사후관리이다.

9. 리스 승계시 장점과 단점

(1) 장점

차량이 이미 리스사로 등록되어 있어 승계 시 차량 구입에 따른 등록비용이 들어가지 않는다.

(2) 단점

① 리스 승계란 것이 기존 고객의 최초 리스 조건을 그대로 승계하는 것이기 때문에 본인의 자금 상태를 고려한 리스 금액을 선택할 수 없으며 기간도 조정할 수 없다.

② 보증금과 잔존가치를 확인하여 리스 종료 시, 차량 인수 시 추가비용이 들어가는지 여부를 반드시 확인하고 최초의 리스 조건도 정확하게 확인해야 한다.

③ 판매자에게 리스 상환 스케줄 표를 받아서 정확한 잔존 리스 원금을 확인하는 것이 좋다.

10. 승계 진행과 처리

① 중고차를 할부로 구입할 때보다 저렴한 금리로 이용 가능하며, 리스료는 100% 비용 처리 가능하여 절세 혜택을 볼 수 있다.

② 초기 등록비용 부담이 없으며 짧은 기간 동안 이용이 가능하다.

③ 관심 차량의 리스사, 보증금, 잔존가치, 등록세, 취득세, 자동차세의 포함 여부 등을 사전에 체크하여 자신의 신용상태와 소득수준을 확인한 후, 해당 필요서류를 준비해야 한다.

④ 최초 계약 기간이 만료되면, 이전 이용자가 가졌던 차량의 양수 및 반납 권한도 승계받은 매수자가 갖게 되므로 차량의 인수와 반납이 가능하다. 리스 승계를 받으면 최초 리스 계약서상의 보증금만 지불하고 다음달부터 리스료를 납입하면 된다.

1. 매매계약서

국내 중고차 관리규정법상 제4조(하자담보 책임)에 '양수인(중고차를 구입하는 사람)은 자동차를 인수한 후에 이 자동차의 고장 또는 불량 등의 사유로 양도인(중고차를 사는 사람)에게 그 책임을 물을 수 없다'라고 명시되어 있어 법적인 소송이 불가하다.

중고차 구입 시 문제가 제기된 내용들은 계약서의 특약사항에 명시하고 그 내용에 대한 A/S나 책임을 지겠다는 내용을 상호 합의하는 것이 좋다.

2. 명의이전 서류

양도인은 차량등록증 필수, 양수인은 책임보험 가입 필수

	양도인	양수인
개인	• 양도위임장(인감도장 날인) • 자동차세서 완납증명서 1통 • 인감증명서 1통	• 신분증(주민등록등본 1통)
개인 사업자	• 양도위임장(인감도장 날인) • 자동차세완납증명서 1통 • 인감증명서 1통 • 사업자 사실증명원	• 신분증(주민등록등본 1통) • 사업자등록증
법인	• 법인인감증명서 • 등기부등본 • 사업자등록증사본 • 자동차세완납증명서 • 양도위임장(법인인감도장 날인)	• 법인등기부등본 1통 • 사업자등록증사본

	양도인	양수인
외국인	• 인감증명서 발급 가능 시 개인등록과 동일 • 등록창구에서 직접 양도의사 표시 날인 • 외국인거주증명서(2인 이상의 거주 사실 확인서, 보증서) • 본인 확인할 수 있는 객관적인 서류(사인,여권)	• 주민등록증 제출 가능시 개인등록과 동일 • 출입국사실증명서, 공증증서(2인 이상의 국내거주 사실 보증서)
장애인	• 양도위임장(인감날인) • 자동차세완납증명서 1통 • 인감증명서(공동명의인 경우 본인, 가족 각 1통)	• 주민등록등본 1통 • 장애자 수첩 • 국가유공자 수첩
학원	• 인감증명서 1통 • 사업자사실증명원 1통 • 자동차세완납증명서 • 양도위임장(인감날인)	• 학원인가서 사본 • 직인등록확인서(교육청) • 사업자등록증 • 주민등록등본 1통
종교단체	• 재단법인설립인가서 • 인감증명서 1통 • 단체직인증명서 • 소속증명서 또는 재직증명서 • 자동차세완납증명서 • 양도위임장(인감도장 날인)	• 재단법인설립인가서 • 소속증명서 또는 재직증명서 • 단체(교회)직인증명서 • 회의록 • 법인인감증명서(공제면제신청)

※ 등록관청에 따라 서류 요구 사항이 다를 수 있음(관할 등록소에 문의)

3. 명의이전 절차

① 명의이전 대행요청 상담(준비서류 안내 등)

② 이전비용 및 대행료 안내

③ 서류준비 및 대행일자 약속

④ 당사직원이 방문하여 서류 및 명의이전비용 인수

⑤ 압류 및 저당 해지 및 명의변경

압류 해제를 할 때에는 자동차등록원부 확인하여 각각의 해당 관청에 압류 금액을 확인한 후 온라인 송금하고 유선으로 송금 사실을 통보하여야 압류 해제가 된다.

※교통지도과(주차위반), 세무관리과(자동차세), 차량등록과(검사, 책임), 환경 개선부담금, 경찰서(속도위반)

⑥ 명의이전 후 변경된 등록증 전달

- 성능점검기록부를 교부하고 관인계약서로 작성해야 한다.
- 개인 간 거래 시는 양도증명서(차량등록사업소 홈페이지에서 다운)를 계약 서로 사용한다
- 중고차 매매, 알선 그리고 자동차 이전 소유권 업무까지가 매매상사의 고유 업무이다.
- 계약서를 작성하고 이전 비용을 지불했다면 소유권 이전 책임은 매매상 사에 있으며, 15일 이내에 해야 한다.

4. 양도인 강제 이전

① 양수인이 이전하지 않고 있을 경우 강제 이전 절차를 통해 소유권을 변경 할 수 있다.
② 원칙적으로 자동차의 소유권 변동사항이 있는 경우 양수인이 이전등록을 이행해야 할 의무가 있다. 단, 양수인이 이를 이행하지 않을 때 자동차관 리법에는 양도인이 이전등록을 강제 신청할 수 있다.

5. 양도인 강제 이전 절차

① 양도증명서를 작성해 두었다면, 양도인은 양도증명서와 내용증명, 우편 배달증명 및 양수인의 주민등록등본 1통을 구비하여 이전등록을 신청하면

된다.

② 양도증명서를 작성해 두지 않아 법원의 소유권 이전 판결을 받은 경우에는 확정판결 등본 1부와 양수인의 주민등록등본 1통을 구비하여 신청할 수 있다. 이때, 각종 공과금은 양도 시점(이전 완료 시점이 아님)을 기준으로 그 이전은 양도인, 그 이후는 양수인이 부담한다. 단, 자동차세는 지방세법의 규정에 따라 양도가 아닌 이전등록 완료 시점을 기준으로 부과된다.

③ 이전등록에 필요한 수수료, 등록세, 교통채권 매입 의무 중 등록수수료와 교통채권은 신청인(양도인)이 부담해야 하며 등록세 및 취득세는 양수인 부담으로 처리된다.

6. 매매 계약서 작성 시 유의사항

① 중고차 성능에 대한 성능점검기록부 발급

고객 대부분은 나름대로 최상의 차량을 구입해 가는 것으로 생각하기 때문에, 사소한 수리 부분이 생기면 딜러가 잘못 소개해주었다고 생각한다.

② 계약서 단서

실 주행거리 확인, 보증기간, 차량 등급, 특이사항(예를 들어 타이밍 벨트 교환 여부 등), 이전비 영수증 등

③ 등록관청에 따라 서류 준비 사항이 다를 수 있다. 자세한 사항은 관할 차량등록사업소에 문의한다.

④ 모든 증명서는 원본이어야 한다.

⑤ 양도증명서를 발급받을 때 검인 도장이 찍혀 있는지 확인한다.

⑥ 개인 간 직거래 시에는 양도증명서를 계약서로 사용한다.

⑦ 중고차 매매상사를 통해 구입할 때는 반드시 '관인매매계약서'로 계약해야 향후 계약 내용에 대해 법적으로 보호받을 수 있다.

7. 근저당 설정된 차량의 매매 계약서

상사가 차량 가격만큼 할부금을 대신 갚고 부족한 차액은 고객이 상사로 계좌이체 한다.

(1) 근저당 설정 시 매매계약

신차 할부로 구입했고, 최근 1~3년 사이 차량이라면 할부금이 아직 남아 있을 가능성이 많다. 이런 할부 차량들은 거의 대부분 근저당 설정이 되어 있기 때문에, 거래 전에 근저당 설정을 꼭 해지해야 한다. 그렇지 않으면 매수자가 이전 등록을 할 수 없다.

따라서, 신차 할부금이 남아 있는 차를 팔 때는, 남은 할부금을 일시납하여 근저당 설정을 해지한 후 계약서를 작성하고 이전등록을 마쳐야 한다.

(2) 근저당 해지, 변경 순서

① 매도자는 할부를 받은 캐피탈 회사에 문의한다.

② 중도상환일 당시 남은 할부 잔액을 확인한 후, 근저당 설정 해지와 관련한 필요 서류, 절차를 안내받는다.

③ 매도자, 매수자 쌍방이 만나 계약서를 작성한 후, 차량 대금을 지급하고 함께 캐피탈사를 방문하여 근저당을 해지하면 된다.

④ 할부승계(매수자가 남은 할부를 떠안는 것)는 매수자에 따라 가능할 수도 있고 불가능할 수도 있으므로, 먼저 매수인이 승계 적격이 되는지 캐피탈사에 문의한 후에 절차를 알아보아야 한다.

상사 이전

1. 상사 이전 준비서류

양도인 서류 준비 + 상사 이전(관인계약서)

2. 중개 시 발생 비용

(1) 매도비(서류대, 이전비)

① 매도비란 차량 명의이전에 필요한 서류(매도서류) 작성, 정리, 구청 방문, 명의 이전에 필요한 제반 비용이다. 즉 성능진단비용, 보증비용, 이전대행비용, 보험이력 조회비용, 원부조회비용, 서류작성비용(고객이 직접 이전 등록하기 위해 서류를 가져가는 것), 세금계산서 발행 등 중고차 매매 시에 발생하는 '필수비용'이라 할 수 있다.

② 중고차 매매상사, 중고차 매매조합 등의 유지에도 쓰이는 비용으로, 서울, 경기지역은 일반적으로 10~13만 원 정도로 책정된다.

③ 매도비는 가격조정이 되지 않으며, 본인이 이전하든 상사에서 이전하든 매도비는 발생한다.

(2) 알선비(수수료)

① 차량 광고, 차량 소개, 서류처리 등 구매자 대상의 모든 서비스 매매업자가 받을 수 있는 수수료와 차량 중개 시 실제 들어간 관리 비용(2.2%, 6만 원)을 말한다.

② 일반적으로 서울, 경기지역의 500만 원 미만 차량은 20만 원 정도, 1,000만 원 미만 차량은 30만 원, 2,000만 원 이상의 차량은 자동차 가

격의 2% 정도이다.

(3) 부가비용(부대비용)

중고차 쇼핑몰들은 자동차 가격만 제시하는데, 가격 이외의 모든 추가 비용을 부가비용이라고 한다. 즉 차량 구입 시 취득세, 등록세, 공채, 매도비, 알선비 등을 말한다.

※ 등록신청 대행수수료: 등록신청 대행에 소요되는 실제비용(매도비에 포함됨)

※ 관리비용: 매매용 자동차의 보관 및 관리에 소요되는 실제 비용. 다만, 그 금액은 당해 지역 공영주차장의 주차요금을 초과할 수 없다(전시보관 비용).

※ 상품화 비용: 고객들이 타던 차를 가져와서 수리할 부분은 수리하고 외관도 깔끔하게 해서 판매하는 데 드는 비용이다.

3. 상사 입금

① **차량매입**: 상사로 명의 이전 시 이전 비용만 들어감(차량등록증상에 상사 명과 상품용 기록)

② **차량매도**: 매도 금액별 입금액 별도(금액별로 입금표 있음)

매매상사에서 명의 이전을 직접 대행하는 이유는 중고차 구입자가 의도적으로 명의 이전을 미루거나, 하지 않아서 발생하는 문제들을 원천적으로 차단하기 위해서다.

※ 간혹, 직접 이전을 하겠다고 해서 매도서류를 해줘도 바로 이전을 하지 않고, 15일 이내에 이전을 하지 않아서 서류를 다시 달라고 하는 경우도 있는 등 문제로 인해 대부분 매매상사에서 이전 대행해 준다.

4. 손해배상

① **자동차매매업자의 손해배상책임**: 보증보험에 가입 또는 공탁

- 법인인 경우: 2천만 원 이상
- 법인이 아닌 경우: 1천만 원 이상

② **자동차매수인이 손해배상금으로 보증보험금·공탁금을 지원 받으려는 경우**
- 자동차매수인과 자동차 매매업자 간의 손해배상합의서(공정증서에 한한다), 화해조서 또는 법원의 확정된 판결문 사본, 그 밖에 이에 준하는 효력이 있는 서류를 첨부해 보증보험회사 또는 공탁기관에 손해배상금의 지급을 청구하여야 한다.

③ **자동차 매매업자는 보증보험금 또는 공탁금으로 손해배상을 한 때에는 5일 이내에 보증보험에 다시 가입하거나 공탁금 중 부족하게 된 금액을 보전하여야 한다.**

사례 1 허위 매물을 속아서 샀다면 판매자에게 책임을 물을 수 있을까?

인터넷에서 차량을 본 후 선수로 계약금 납입하고 차를 보러 갔는데, 실제 인터넷에서 본 차량이 아니라면 허위 매물이 된다. 그러나 직접 방문하여 차량을 확인하고 거래가 이미 이루어진 후에 허위 매물임을 알았다면 자기 과실이라고 볼 수밖에 없다. 신고해도 위법 사항이 없으니 처벌하기 어렵다.

사례 2 개인 간 직거래도 아니고 매매상사와 거래했는데, 웃돈을 줘야 세금계산서를 발급해준다고 한다. 세금계산서 발행은 의무 아닌가?

세금계산서는 과표에 준하여 발부된다. 그런데 매매상사에서는 차량을 이전할 때 최소과표로 이전하고, 세법에 의해 이미 세금이 부과된 상태다. 그 후에 구매자가 실거래가로 세금계산서를 요구하면 매매상사는 서류상 엄청난 이득을 본 것이 되어 추후 세무조사 대상이 될 수도 있다. 그럴 경우 매매상사는 이득을 보았다고 보는 금액 이상의 부과세를 납입해야 하므로, 부과세 만큼의 금액을 받아야 세금계산서를 발행해준다고 하는 것이다.

사례 3 **1개월 또는 2,000㎞가 넘는 경우도 보증수리를 받을 수 있을까?**

자동차관리법은 성능보증에 대한 기간과 범위를 지정해 놓았다. 즉 1개월 또는 2,000㎞가 최소한의 기준인 셈이다. 따라서 그 이상을 보증받기는 어려울 것이다.

재고금융

재고금융이란 말 그대로 재고를 관리하기 위한 대출을 말한다. 중고차에서는 캐피탈사가 중고차 매매업자에게 매물 구매 용도로 제공하는 단기 대출을 말한다. 재고금융 수준이 80%라면, 2천만 원짜리 중고차를 살 때 캐피탈사로부터 1,600만 원을 대출받을 수 있는데, 50%라면 1,000만 원밖에 대출이 나오지 않는 것이다.

(1) 캐피탈사 사용

한도 2억 → 매매단지에서 사용할 시는 별도 한도 추가 신청해야 함 → 서울보증보험 00지부에 문의(보증보험비용 약 847,200원) → 추가 서류 첨부하여 승인이 나면 보증보험 증권 나옴 → 통장 사본 캐피탈사로 보내고 진행

(2) 재고금융 사용 순서

① 매입서류, 번호판

추가서류(캐피탈사 계약서, 양도행위 위임장, 차량평가 시트(성능점검 받기 전 이면 제출, 성능점검 받은 후면 성능상태점검기록부 제출), 기간 설정(45일, 90일 선택)해서 캐피탈사에 제출

② 상사로 명의 이전하여 매도, 또는 개인에게 직접 매도 선택 가능

(3) 재고금융 사용 시 추가비용

① 대출 금액별 수수료(이자)가 정해져 있음

② 매입비용: 공급가액(부가세 뺀 금액)의 1%(매입세액 공제 때문에)+22,000원

※ 개인사업자나 법인 매입 시 공급가액 1%는 받지 않음(세금계산서를 받기 때문)

(4) 매도방법

상사 이전 후에도 매도, 개인으로 직접 매도 선택 가능(세금계산서 발행 가능)

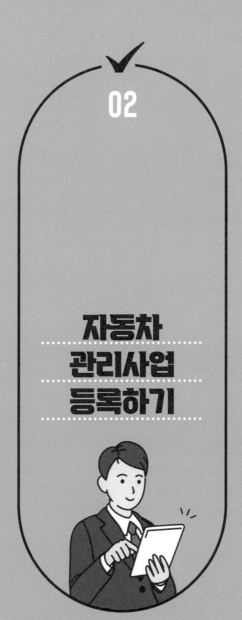

02

자동차 관리사업 등록하기

1. 자동차관리사업 등록신청

자동차관리사업(정비업, 매매업, 폐차업)을 하고자 하는 자는 필요한 시설 및
구비서류를 갖추어 자동차관리사업등록을 신청

신청방법	방문
대상	• 상호 또는 명칭 • 대표자 및 임원의 성명, 주소 • 사업장의 소재지 • 사업장의 대지면적 및 건물면적 • 기계 · 기구명세(제동시험기, 전조등시험기, 사이드슬립측정기, 속도계 시험기, 택시미터주행검사기, 가스누출감지기)
수수료 / 처리기한	20,000원 / 30일 이내
구비서류	**민원인 제출서류** 1. 자동차관리사업등록신청서 1부 2. 사업장의 토지이용계획확인서(다만, 관계공무원이 관련 공부에 의하 여 확인할 수 있는 경우는 제외) 1부 3. 사업장의 위치도 및 평면도 1부 4. 시설일람표 및 그 예정 배치도(매매업의 경우 제외) 1부 5. 사업계획서(소요자금 및 종사원 확보계획이 포함된 것을 말함) 1부 **담당공무원 확인사항(민원인 제출 생략)** 1. 등기부등본(법인인 경우에 한함)
처리절차	자동차관리사업등록 신청 → 자동차관리법 및 구비서류 검토(결격사유 유무 확인 포함) → 관련법 협의(배출시설 등 환경관련법, 건축관련법, 농 지관련법, 국토의 계획 및 이용에 관한 법 등) → 시설 및 인력확보 통지 → 현지 확인 → 자동차관리사업등록증 교부
협의기관 및 협의사항	배출시설 등 환경관련법, 건축관련법, 농지관련법, 국토의계획및이용에 관한법률 등 협의
관련법 · 제도	자동차관리법 제53조제1항 자동차등록시행규칙 제111조제1항
담당부서	구청 지역개발과 교통행정담당

※제 호			
		자동차관리사업등록신청서	

※표시란은 적지 아니합니다.

신 청 인	상호(명칭)		
	성명(대표자)		주민등록번호
	주 소		(전화번호:)

등 록 신 청 업 종	☐ 자동차매매업 ☐ 자동차해체재활용업
	☐ 자동차정비업(종합·소형·전문·원동기)

사업장 개요	명 칭	
	소 재 지	(전화번호:)
	영업소명칭·위치	

「자동차관리법」 제53조제1항 및 같은 법 시행규칙 제111조제1항에 따라 위와 같이 신청합니다.

년   월   일

신청인   (서명 또는 인)

구비서류	신청인(대표자) 제출서류	시장·군수·구청장 확인사항
	1. 사업장(자동차해체재활용업의 경우에는 「자동차관리법 시행규칙」 제140조제1항에 따른 자동차해체재활용영업소를 포함합니다)의 위치도 및 평면도 1부 2. 시설일람표 및 그 예정배치도(임대차계약을 통해 사용권을 확보한 경우에는 이를 증명하는 서류를 포함하며, 자동차정비업 및 자동차해체재활용업의 경우에만 제출합니다) 1부 3. 사업계획서(소요자금 및 종사원확보계획이 포함된 것을 말합니다) 1부 주. 신청인이 법인인 경우에는 임원을 포함하여 적어야 합니다.	1. 법인 등기사항증명서(신청인이 법인인 경우만 해당합니다) 2. 토지이용계획정보

신청안내

신청하는 곳	시·군·구	처 리 기 간	1 5 일
수 수 료	20,000원		

210mm×297mm(일반용지 60g/㎡)

2. 자동차매매업 등록기준

구분	기준
가. 전시시설 연면적	660㎡ 이상으로 하되, 매매업자 3명 이상이 같은 장소에서 공동으로 사업장을 사용하는 경우에는 매매업자 각 1명에게 적용하는 면적기준(660㎡)의 30퍼센트 범위에서 완화할 수 있다.
나. 전시시설의 구조	전시시설 외부에서 차량이 보이지 않도록 시설을 갖추되, 주거 및 도시 미관과 조화되도록 설치하여야 한다. 다만, 사업장 외벽을 전시용 유리창(Show Window) 등으로 하는 경우에는 그러하지 아니하다.
다. 사무실	사무실은 전시시설과 붙어 있거나 같은 건물에 위치하여야 한다.
라. 정비·성능 점검 시설	완화된 면적이 적용된 공동사업장에는 정비·성능 점검 시설을 설치하여야 한다.
마. 출구 및 입구	전시시설이 12m 이상의 도로에 붙어 있어야 한다. 다만, 「국토의 계획및이용에관한법률」제36조에 따른 도시지역 외의 지역에서는 8m 이상의 도로에 붙어야 한다.

주) 1. "전시시설"이란 자동차 전시용 시설을 말하고, 사무실을 제외한다.
　　2. 전시시설의 연면적은 전시시설 중 화장실, 계단, 복도 및 엘리베이터를 제외하고 계산하되, 두 곳 이상의 장소가 다음의 어느 하나에 해당하는 때에는 각 장소의 면적을 합산하여 계산할 수 있다.
　　　1) 서로 다른 필지인 경우, 매매 자동차를 도로를 거치지 않고 다른 장소로 이동이 가능한 경우
　　　2) 서로 다른 건물에 위치한 경우로서 공중보행통로 등을 이용하여 다른 건물로 이동이 가능한 경우
　　3. 정비·성능 점검 시설은 주변 미관, 소음 공해방지 등을 고려하여 설치하여야 한다.

3. 자동차정비업 시설기준

구분		자동차 종합 정비업	자동차 소형 정비업	자동차 부분 정비업	자동차 원동기 정비업
가. 시설면적	작업장 · 검차장 · 사무실 · 부품창고 등을 포함한 면적	1,000㎡ 이상	400㎡ 이상	70㎡ 이상	300㎡ 이상
나. 시설 · 장비	가. 검사시설(핏트 또는 리프트)	○	○	○	−
	나. 체인부록(1톤 이상)	−	−	−	○
	다. 도장시설(스프레이건 포함)	○	○	−	−
	라. 부동액회수재생기	○	○	○	○
다. 정비 · 검사기구	가. 제동시험기	○	○	−	−
	나. 전조등시험기	○	○	○	−
	다. 사이드슬립측정기	○	○	−	−
	라. 속도계시험기	○	○	−	−
	마. 일산화탄소측정기	○	○	○	○
	바. 탄화수소측정기	○	○	○	○
	사. 매연측정기	○	○	○	○
라. 시험 · 측정기	가. 연료분사펌프시험기	○	○	−	○
	나. 압력측정기	○	○	−	○
	다. 회전반경측정기	○	○	○	−
	라. 휠밸런스	○	○	○	−
	마. 토인측정기	○	○	○	−
	바. 캠버캐스터측정기	○	○	○	−
	사. 엔진종합시험기	−	−	−	○
	아. 노즐시험기	−	−	−	○
마. 공작기계	가. 실린더보링머신	−	−	−	○
	나. 실린더호닝머신	−	−	−	○
	다. 밸브시트그라인더	−	−	−	○
	라. 밸브시트카터	−	−	−	○
	마. 크랭크연마기	−	−	−	○

1. ○는 갖추어야 할 사항(단, 휠얼라이먼트를 갖춘 경우는 회전반경측정기, 토인측정기, 캠버캐스터 측정기를 갖춘 것으로 본다.)

2. 도장작업시설은 페인트 비산 등으로 인한 환경오염을 방지할 수 있는 시설을 갖추어야 하며, 작업장은 콘크리트 등으로 포장하여 폐유가 지하로 스며드는 것을 방지하고 오수 · 폐수는 정화하거나 정화될 수 있도록 하여야 할 것.

3. 연료분사펌프 시험기는 디젤자동차의 연료분사펌프 점검 · 정비를 하지 아니하는 조건으로 등록을 하고자 하는 경우 이를 갖추지 아니할 수 있다.

4. 자가 자동차만을 정비 · 관리하기 위한 조건으로 등록을 하고자 하는 경우 디젤자동차만을 보유한 경우에는 일산화탄소측정기 및 탄화수소측정기를, 휘발유 및 액화 석유가스를 사용하는 자동차만을 보유한 경우에는 연료분사펌프시험기 및 매연측정기를 갖추지 아니할 수 있다.

5. 환경관련 법령에 따라 허가 등을 받거나 시설을 갖추어야 하는 경우에는 그 법령이 정하는 바에 따른다.

6. 부동액회수재생기는 당해 사업장에서 발생하는 폐부동액을 「폐기물관리법」 제25조의 규정에 의하여 위탁하여 처리하는 경우에는 이를 갖춘 것으로 본다.

7. 자동차부분정비업자는 LPG자동차의 LPG가스용기와 용기에 부착된 용기 부속품의 탈 · 부착이나 정비를 제외한 부분에 대한 작업을 할 수는 있으나, 이 경우 「고압가스안전관리법」 및 「액화석유가스의 안전관리 및 사업법」에 따른 안전조치를 행한 후 정비하여야 한다.

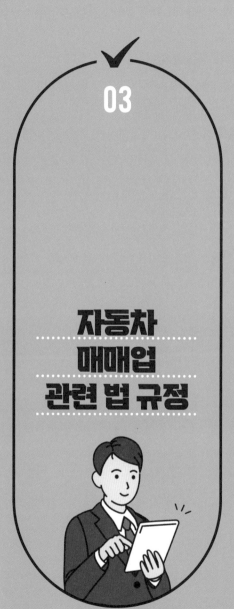

03

자동차 매매업 관련 법 규정

자동차관리법 시행규칙 [국토교통부령 제1372호, 2024-07-31]

제120조 【중고자동차의 성능고지등】

① 자동차매매업자는 자동차성능·상태점검 내용을 고지하려는 경우에는 자동차성능·상태점검자가 법제58조제2항에 따라 신고한 사업장에서 해당 자동차의 성능·상태를 점검하고 그 점검 내용을 보증하여 발행하는 별지 제82호서식의 자동차성능·상태점검기록부(자동차가격조사·산정서)를 매수인에게 발급해야 하고, 그 사본(전자문서를 포함한다)을 발급일부터 1년간 보관해야 한다. 〈개정 2023. 6. 9.〉

② 제1항에 따른 자동차성능·상태점검기록부(자동차가격조사·산정서)의 발급은 해당 기록부의 발급일을 기준으로 120일 이내에 이루어진 자동차성능·상태점검으로 한정한다. 〈개정 2023. 6. 9.〉

③ 제1항에 따른 고지에는 자동차성능·상태점검 내용에 허위 또는 오류가 있는 경우 계약 또는 관계법령에 따라 자동차매매업자 및 자동차성능·상태점검자가 매수인에 대하여 지는 책임 등에 관한 사항이 포함되어야 한다. 〈개정 2023. 6. 9.〉

④ 법제58조제4항에서 "자동차의 이력 및 판매자정보 등 국토교통부령으로 정하는 사항"이란 다음 각 호의 사항을 말한다. 〈개정 2023. 6. 9.〉

　1. 자동차등록번호, 주요제원 및 선택적 장치에 관한 사항

　2. 자동차의 압류 및 저당에 관한 정보

　3. 별지 제82호서식의 자동차성능·상태점검기록부(자동차가격조사·산정서)

　4. 중고자동차 제시신고번호

　5. 자동차매매업자, 매매사업조합의 상호, 주소 및 전화번호에 관한 사항

　6. 매매종사원의 사원증번호 및 성명에 관한 사항

⑤ 법제58조의5각 호의 어느 하나에 해당하는 자(이하 이 조에서 "자동차가격 조사 · 산정자"라 한다)는 법제58조제1항제4호에 따른 자동차가격 조사 · 산정 업무를 하려는 장소를 별도로 두어야 한다. 〈개정 2023. 6. 9.〉

⑥ 자동차매매업자는 법제58조제1항제4호에 따라 자동차가격을 조사 · 산정한 내용을 고지하려는 경우에는 자동차가격 조사 · 산정자가 제5항에 따른 장소에서 해당 자동차의 가격을 조사 · 산정하고 그 조사 · 산정 내용을 보증하여 발행하는 별지 제82호서식의 자동차성능 · 상태점검기록부(자동차가격 조사 · 산정서)를 매수인에게 발급해야 하며, 그 사본(전자문서를 포함한다)을 발급일부터 1년간 보관해야 한다. 〈개정 2023. 6. 9.〉

⑦ 제6항에 따른 고지에는 자동차가격을 조사 · 산정한 내용에 허위 또는 오류가 있는 경우 계약 또는 관계법령에 따라 자동차가격 조사 · 산정자가 매수인에 대하여 지는 책임 등에 관한 사항이 포함되어야 한다. 이 경우 보증의 범위는 자동차 인도일로부터 30일 이상 또는 주행거리 2천킬로미터 이상으로 하여야 한다. 〈신설 2016. 1. 7.〉

제121조【매매자동차의 관리】

① 자동차매매업자는 법 제59조제1항 본문에 따라 같은 항 각 호의 사유가 발생한 경우에는 지체 없이 다음 각 호의 구분에 따른 신고서를 자동차매매사업조합에 제출해야 한다. 이 경우 제1호에 따른 신고를 할 때에는 제시된 자동차의 앞면 등록번호판을 해당 자동차매매사업조합 또는 시장 · 군수 · 구청장이 보관하도록 해야 한다. (신설 2023. 6. 9.)

　　1. 매매용 자동차가 사업장에 제시된 경우 그 제시신고: 별지 제83호서식의 중고자동차 제시신고서

　　2. 매매용 자동차가 팔린 경우 그 매도신고: 별지 제84호서식의 중고자동차 매도신고서

3. 매매용 자동차가 팔리지 않고 그 소유자에게 반환된 경우 그 반환신고:
   별지 제85호서식의 중고자동차 반환신고서
② 제1항에 따른 신고서에는 다음 각 호의 구분에 따른 서류를 첨부해야 한
다. (2023. 6. 9. 개정)
   1. 제1항제1호의 경우: 다음 각 목의 서류
      가. 양도증명서 사본(매수의 경우만 해당한다)
      나. 소유자명의의 매매알선위탁서(알선위탁의 경우만 해당한다)
      다. 자동차등록증
   2. 제1항제2호의 경우: 다음 각 목의 서류
      가. 양도증명서 사본
      나. 상품용 표지
   3. 제1항제3호의 경우: 다음 각 목의 서류
      가. 매매알선위탁계약 해약서
      나. 상품용 표지
③ 자동차매매업자는 법 제59조제2항제1호에 따라 중고자동차의 매매 또는
매매의 알선을 하려는 때에는 해당 자동차의 잘 보이는 곳에 별표 23의 상품
용표지를 부착해야 한다. (2001. 4. 19., 2010. 2. 18., 2023. 6. 9. 개정)
④ 제2항에 따라 신고를 받거나 자동차 앞면 등록번호판을 보관하는 자동차
매매사업조합은 별책 6의 중고자동차제시 · 매도신고기록대장(전자문서를
포함한다)을 작성 · 관리하여야 하며, 자동차 앞면 등록번호판을 보관하는 시
장 · 군수 · 구청장은 등록번호판보관대장(전자문서를 포함한다)을 작성 · 관
리하여야 한다. (2001. 4. 19., 2010. 2. 18., 2018. 6. 27. 개정)
⑤ 자동차매매사업조합은 제4항에 따라 중고자동차제시 · 매도신고기록대장
을 작성한 때에는 영 제19조제6항에 따라 대장을 작성한 다음달 10일까지 해
당 대장 사본을 시장 · 군수 또는 구청장에게 제출해야 한다. (1999. 12. 31.,

2010. 2. 18., 2023. 5. 25. 개정)

⑥ 자동차매매업자는 법 제59조제2항제2호에 따라 별책 7의 중고자동차매매
관리대장(전자문서를 포함한다)을 연도별로 관리하고, 이를 3년간 보관해야
한다. (1999. 2. 19., 2010. 2. 18., 2018. 6. 27., 2023. 6. 9. 개정)

[별표 23]

제시된 중고자동차의 상품용 표지(제121조제3항관련)

중고자동차의 제시내역			
자동차등록번호		제시목적	☐매매 ☐매매의 알선
연식	년식	주행거리	km
체납세액	원	체납별과금액	원
저당설정가액	원	할부채무액	원
사고경력 (세부내용)			
거래예정가액	원부터	원까지	
기타참고사항			

자동차관리법시행규칙 제121조제3항의 규정에 의하여 위와 같이 상품용중고자
동차를 제시합니다.

년   월   일

○ ○자동차매매업소 ㊞

257mm×365mm
(신문용지 54g/㎡)

제123조의2【매매종사원에 대한 교육】

① 법 제59조제2항제4호에 따라 매매종사원이 받아야 하는 교육은 제149조 제1항에 따른 자동차매매사업조합연합회가 실시하는 다음 각 호의 교육을 말한다. (2024. 7. 31. 개정)

　1. 신규교육: 새로 채용된 매매종사원에 대한 8시간 이상의 교육

　2. 보수교육: 매매사원증의 유효기간 만료에 따라 매매사원증 재발급대상 매매종사원에 대한 4시간 이상의 교육

② 제1항 각 호에 따른 교육은 다음 각 호의 구분에 따른 시기에 실시한다. (신설 2024. 7. 31.)

　1. 신규교육: 매매사원증 신규 발급 전

　2. 보수교육: 매매사원증 재발급 전

③ 제1항에 따른 교육과목은 다음 각 호와 같다. (2024. 7. 31. 개정)

　1. 자동차매매 관련 법령

　2. 회계관리

　3. 고객응대 예절

　4. 자동차매매 관련 전산처리 방법

[본조신설 2018. 6. 27.]

15쪽	매매단지 전경	ⓒ대전 오토월드
16쪽	기아 인증 중고차	ⓒ기아
48쪽	중고차 경매	ⓒ현대글로비스
55쪽	신차 전시장	ⓒBMW 코리아
63쪽	중고차 돔 매장	CC BY SA 4.0, TapticInfo
69쪽	엔진오일 교체	CC BY SA 4.0, Zunter
76쪽	기아 스팅어	ⓒ기아
77쪽	SM5	ⓒ르노코리아
78쪽	바디 도장	CC BY SA 2.0, Supermac1961
88쪽	도어 단차	CC BY SA 4.0, Tarasna0922
92쪽	기아 인증 중고차	ⓒ기아
152쪽	스폿 용접	CC BY 2.0, BMW Werk Leipzig
180쪽	진단평가사 시험	ⓒ한국자동차진단보증협회
190쪽	스카이라인 2000GT	CC BY SA 4.0, Mycomp
190쪽	닛산 페어레이디Z	CC0, 先從隗始
201쪽	BMW 신모델	CC BY SA 4.0, Calreyn88
224쪽	자동차 잡지들	ⓒ오토카 코리아, ⓒ탑기어
240쪽	소울, 아슬란	ⓒ기아, ⓒ현대자동차
255쪽	BMW 520	ⓒBMW 코리아
257쪽	클래식 미니	ⓒBMW 코리아
259쪽	쏘렌토	ⓒ기아
273쪽	그랜저	ⓒ현대자동차

※저작권자가 확인되지 않거나 여타 사정으로 게재 허락을 받지 못한 사진이 일부 있습니다. 양해를 부탁드리며 추후 연락 주시기 바랍니다.

◇ 당신은 언제나 옳습니다. 그대의 삶을 응원합니다. – **라의눈 출판그룹**

박병일의 중고차
잘 사서, 잘 타다가, 잘 파는 법

초판 1쇄 | 2025년 1월 2일

지은이 | 박병일 박대세
펴낸이 | 설응도   편집주간 | 안은주
영업책임 | 민경업   디자인 | 박성진

펴낸곳 | 라의눈

출판등록 | 2014년 1월 13일(제2019-000228호)
주소 | 서울시 강남구 테헤란로78길 14-12(대치동) 동영빌딩 4층
전화 | 02-466-1283   팩스 | 02-466-1301

문의(e-mail)
편집 | editor@eyeofra.co.kr
영업마케팅 | marketing@eyeofra.co.kr
경영지원 | management@eyeofra.co.kr

ISBN : 979-11-92151-95-3 13550